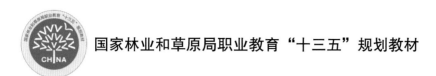

国家林业和草原局职业教育"十三五"规划教材

园林植物景观设计

王　莹　丁晨旸　主编

U0161982

中国林业出版社
China Forestry Publishing House

图书在版编目（CIP）数据

园林植物景观设计 / 王莹，丁晨旸主编.—北京：中国林业出版社，2021.9（2024.7重印）
ISBN 978-7-5219-1218-0

Ⅰ.①园… Ⅱ.①王… ②丁… Ⅲ.①园林植物—景观设计 Ⅳ.①TU986.2

中国版本图书馆CIP数据核字（2021）第115497号

中国林业出版社·教育分社

策划编辑：田　苗　　　　　　　　　责任编辑：曾琬淋
电　　话：(010) 83143630　　　　　传　　真：(010) 83143516

出版发行	中国林业出版社（100009　北京市西城区刘海胡同7号）
电子邮件	jiaocaipublic@163.com
网　　站	http://www.cfph.net
印　　刷	北京中科印刷有限公司
版　　次	2021年9月第1版
印　　次	2024年7月第2次印刷
开　　本	787mm×1092mm　1/16
印　　张	14.25
字　　数	316千字（含数字资源）
定　　价	68.00元

 # 编写人员

主　　编：王　莹　丁晨旸

副 主 编：傅欣蕾　汪成忠　张　琰

编写人员：（按拼音排序）

程奕菲（苏州农业职业技术学院）

丁晨旸（东北农业大学）

丁兰茜（苏州农业职业技术学院）

傅欣蕾（安徽林业职业技术学院）

沈　洲（苏州农业职业技术学院）

石玉波（嘉兴职业技术学院）

苏小霞（黑龙江生态工程职业学院）

孙　雪（苏州农业职业技术学院）

汪成忠（苏州农业职业技术学院）

王梦茜（苏州农业职业技术学院）

王　莹（苏州农业职业技术学院）

武金翠（苏州农业职业技术学院）

徐　璐（河南农业职业学院）

张　琰（上海农林职业技术学院）

周延林（安徽祥融园林有限公司）

朱方达（苏州农业职业技术学院）

主　　审：潘文明（苏州农业职业技术学院）

前言 PREFACE

党的十九大报告中指出，加快生态文明体制改革，建设美丽中国。植物具有吸收有毒气体、净化空气、吸附土壤中污染物等保护、改善、治理环境的生态功能，有利于生态文明的发展。同时，植物在姿态、色彩等方面具有很高的观赏特性，能够营造出"三季有花，四季常青"的动态植物景观，是建设美丽中国的重要材料。立足新发展阶段，践行"绿水青山就是金山银山"的理念，园林植物景观设计被赋予了新的内涵，意味着园林植物景观设计的相关知识和技能有了新的发展要求。

本教材以建设生态文明、建设美丽中国的理念作为主线，以国家职业标准初级和中级园林工程师、景观设计师要求掌握的知识和技能为基础，根据高职人才培养目标和学生认知特点构建教学内容体系，立足园林植物设计实践，改变现有教材的传统学科体系编写模式，采用模块化教学，将教材分成理论模块和实践模块，以培养学生植物应用和景观设计能力为目的，从园林植物景观设计理论到设计方法，最终落到实践，全面系统，深入浅出。为使学生的实践能力与实际项目对接，安徽祥融园林有限公司设计经理周延林提供项目真实案例，加强学生课后的巩固训练，体现工学结合。本教材以立德树人为根本任务，教材的每个单元或项目中都有明确的知识目标、能力目标和素质目标，旨在培养复合型高素质技能人才。在教材编写中坚持"以职业能力为本位，以任务目标为驱动，理实一体化"的理念，注重理论与实操的有机结合，充分体现教材内容的全面性和实用性。

全书由王莹、丁晨旸担任主编。主要分工如下：王莹编写前言、模块1单元1中园林植物功能和单元3、模块2项目1的任务1和任务3所有纸质部分内容，以及模块1单元1的数字资源，并负责全书的统稿；傅欣蕾编写模块1单元1中园林植物景观设计概念、园林植物景观设计特点的纸质部分内容；徐璐编写模块1单元2纸质部分内容；沈洲编写模块 1 单元 4 纸质部分内容及相关数字资源；武金翠编写模块 2 项目 1 任务 2 的纸质部分内容以及模块 1 单元 2 的数字资源；丁晨旸编写模块 2 项目 2 的纸质部分内容；周延林提供模块 2 项目 2 中任务实施案例的素材；汪成忠负责模块 1 单元 3 的数字资源；孙雪负责模块 2 项目 1 任务 1 的数字资源；程奕菲、石玉波负责模块 2 项目 1 任务 2 的数字资源；丁兰茜、张琰负责模块 2 项目 1 任务 3 的数字资源；王梦茜负责模块 2 项目 2 任务 1 的数字资源；朱方达、苏小霞负责模块 2 项目 2 任务 2 的数字资源。

本教材参考了近年来国内外相关的论著、教材以及期刊，吸纳了相关领域的最新研究成果，力求反映本课程的发展前沿。本教材适用于园林技术、园林工程等专业的专科学生，园林、风景园林、景观学、城乡规划、建筑学、环境设计等专业的本科学生以及相关专业人员使用，也可供园林工作者参考。

本教材由苏州农业职业技术学院"课堂质量革命"三年行动计划课程团队培育工程项目资助，在编写过程中得到了学校、学院各级领导的重视，也得到了有关专家的指导及同事的大力支持和帮助，还得到了安徽祥融园林有限公司对教材实训部分的大力支持，在此表示衷心感谢！

由于编者水平有限，书中的不妥之处还请各位专家批评指正，以便及时修改、完善。

编　者

2021 年 6 月

目录

CONTENTS

前言

模块1　理论篇

模块 2 实践篇

模块 1 理论篇

单元1
园林植物景观设计概述

数字资源

学习目标

■ 知识目标：
（1）掌握园林植物景观设计相关概念。
（2）掌握园林植物的功能。

■ 技能目标：
能够根据园林植物的功能，配置具有一定功能的小花园。

■ 素质目标：
（1）培养社会责任感。
（2）培养美学修养。

知识准备

1. 园林植物景观设计概念

关于园林植物景观设计目前国内外尚无明确的概念，但与其相关的名词很多，诸如"植物配置""植物造景"等。苏雪痕先生的《植物造景》是国内第一部关于植物景观设计方面的专业书籍，其对植物景观设计的定义是：应用乔木、灌木、藤本、草本植物来创造景观，充分发挥植物本身形体、线条、色彩等美学特性，构成一幅幅美丽动人的画面，供人们观赏。朱钧珍在《中国大百科全书·建筑 园林 城市规划》中指出：园林植物配置是按植物的生态习性和园林布局要求，合理配置园林中的各种植物（乔木、灌木、花卉、草坪和地被植物等），以发挥它们的园林功能和观赏特性。

园林植物景观设计是生态文明建设的重要手段，结合新的发展时期，园林植物景观设计被赋予了新的内涵，肩负着使生态文明建设更快、更好发展及建设美丽中国的重要职责。立足新发展阶段，践行"绿水青山就是金山银山"的理念，将园林植物景观设计定义如下：根据园林总体设计布局的要求，应用不同种类及不同品种的园林植物，遵循尊重自然、顺应自然、保护自然的原则，对植物进行合理配置，创造出科学、生态、美观、节俭的植物景观和园林空间环境，增强生态系统功能和生态产品供给能力，提升生态系统碳汇增量，推动生态环境根本好转，为建设美丽中国提供良好生态保障。

优秀的植物景观设计不仅要考虑植物自身的生物学特性以及生态特性，还要考虑艺术性，同时要考虑其实用性，满足功能要求，最终为人们营造美观舒适的供欣赏、游憩的绿色空间。

植物景观设计包括两个方面的内容：一方面是根据各种园林植物的生长特性及生态特性选择合适的植物种类进行配置，最终形成季相变化明显的植物空间；另一方面是园林植物与其他园林要素如山石、水体、道路、建筑等之间的搭配。

2. 园林植物景观设计特点

（1）景观动态变化

园林植物是富有生命力的园林材料，有朝夕的变化、日复一日的变化、四季的变化以及年复一年的变化，因而富于动态变化的园林植物所营造的植物景观也是动态变化的。

（2）设计体系复杂

园林植物景观设计是一项专业性很强的综合性工作，首先要掌握园林植物的生长规律和生态习性，然后利用美学原理进行科学配置，利用各种工程手段来为人们提供景色宜人、便于人们休息和游览的绿色空间，所以涉及植物学、生态学、美学、工程学等学科，是多学科共同完成的系统工程。

（3）文化内涵深远

我国是具有几千年历史文化积淀的国家，深厚的文化底蕴影响着植物景观的设计。古代的文人墨客通常利用园林植物的某些特性来比喻君子的某种气节或利用园林植物景观来表达情怀。例如，荷花代表人的高洁，竹子代表君子有气节，石榴代表多子多孙，牡丹、桂花、海棠配在一起表示富贵满堂等。我国现代的园林植物景观设计在一定意义上传承了古代的文化内涵，通常利用园林植物创造景观来表达设计者的情怀。

（4）观赏价值较高

园林植物景观设计最重要的一个目的就是营造优美的景观供人们欣赏，所以应筛选适合本地生长、季相变化丰富、观赏价值高的园林植物进行组景，形成具有较高观赏价值的园林植物景观。

（5）具有生态功能

园林植物景观不仅具有美学功能，还有较高的生态功能。园林植物具有保护环境、改善环境、治理环境的作用，尤其是乔、灌、草相结合的具有复层结构的园林植物景观对于生态环境的优化起着十分重要的作用，为人们的安居乐业提供良好的生态环境。

3. 园林植物功能

1）生态功能

园林植物的生态功能，是指园林植物促进周围环境向有利于人类生存与发展的方向变化所起的作用，主要包括保护环境、改善环境和治理环境等。

（1）保护环境

园林植物具有保护环境免受或减小外来因素的侵害或干扰的作用，在生态学上表现为生态系统的缓冲性，如涵养水源、保持水土、防风固沙、降噪、防火、防雪等。

（2）改善环境

园林植物对轻度污染的环境有修复作用，如维持碳氧平衡、滞尘、杀菌、吸收有毒气体等。

（3）治理环境

园林植物有助于对遭受严重破坏或污染的环境进行恢复、治理，生态学上称为生态修复，如固定沙丘、控制扬尘、净化水源等。

2）美学功能

园林植物的美学功能是指其在增加环境的可观赏性、营造良好视觉感知方面的作用。植物是园林设计的一个元素，而且是唯一具有生命的要素。园林植物有一年四季的变化，有年复一年的变化及日复一日的变化，部分植物还具有深远的文化内涵，所以充分挖掘植物的生物学特性、生态学特性及美学特性，在植物景观设计中定会产生不同凡响的效果。

（1）园林植物美的表现形式

①自身美

个体美 是指园林植物个体孤植于一定时空背景下所具有的美学功能，如植物形态、根、干、枝、叶、花、果等所表现出的观赏价值（图1-1-1）。

群体美 是指由单种或多种植物经自然或人工造景在一定时空背景下形成的植物景观（如草坪、绿篱、藤架等）

图1-1-1 个体美

图 1-1-2 群体美

图 1-1-3 衬托美

图 1-1-4 装饰美

图 1-1-5 植物作为主景

所具有的美学功能（图 1-1-2）。

②衬托美　是指植物与建筑、水体、山石、道路等在一定时空背景下自然或人工配置形成的植物景观具有的观赏价值。植物在该环境下常作配景或背景使用，以突出、渲染主题。例如，海南呀诺达雨林文化旅游区为了庆祝新年的到来，选择颜色鲜艳的花卉装点，烘托过年的喜庆气氛（图 1-1-3）。

③装饰美　是指通过园林植物的组织、装点，整体提高景观的观赏价值。如杭州西湖的花港观鱼，一处亭子在园林植物的掩映下，显得景色宜人、和谐精致（图 1-1-4）。

（2）园林植物美的实现方式

①造景　是园林植物美学表现的综合运用。在造景中植物主要作为主景、背景、配景。

园林植物作为主景　园林植物既可作为整个园林中的主景，也可作为局部空间的主景，多见于各类专类园、小游园、风景区等。园林植物作为主景，展现的是园林植物独特的观赏特性，或为具有一定历史背景的植物造景，以形态取胜，或以色彩取胜。例如，南京玄武湖的月季专类园，主要以观赏各类月季为主（图 1-1-5）。

园林植物作为背景　园林植物作为背景可更加突出前景的主题，常用大背景使前景更加突出，起到烘托和渲染的作用。例如，南京栖霞寺的观音雕像在常绿树种的映衬下，更显肃穆宁静（图 1-1-6）。

园林植物作为配景 园林植物作为配景可使主景更具观赏性。主景与配景融为一体，使整个画面更加完整、和谐、丰满。例如，杭州西湖岸边的垂柳枝条，使画面更有层次感（图1-1-7）。

②联系景物 景物功能的不同或空间存在着变化，使彼此之间并无联系可言。为了使景物或空间之间建立和谐关系，通常利用植物以连接、过渡、渗透与丰富的方式将景物之间或空间之间进行联系或过渡。例如，景物之间有一定距离，为确保景物之间的整体性和连续性，则利用植物进行连接（图1-1-8）；室外与室内空间通常采用廊架来进行过渡（图1-1-9）；江南园林中为了丰富空间景色，常在花窗或花门处栽种植物，进行空间渗透，扩大和丰富空间（图1-1-10）；景物之间还通常利用道路来进行连接，在道路两侧栽植植物，则可丰富道路空间（图1-1-11）。

图1-1-6 植物作为背景

图1-1-7 植物作为配景

图1-1-8 景物连接

图1-1-9 空间过渡

图1-1-10 空间渗透

图1-1-11 丰富道路空间

图 1-1-12　实隔

图 1-1-13　虚隔（1）

图 1-1-14　虚隔（2）

图 1-1-15　拓展空间

　　③组织空间　园林植物既可以营造美丽的植物景观，同时合理的植物配置又可以有效地组织空间，使空间井然有序。以植物营造的空间还具有自然、丰富、动感、柔和、饱满、富有生机的特点。

　　分隔空间　园林绿地是由使用功能不同的空间所组成的。墙是空间分隔的重要手段，但是用墙来分隔空间会显得生硬，缺乏美感，所以运用富有生命活力、具有较高观赏价值的园林植物进行分隔，既可以分隔空间，又可以丰富各空间景色。

　　利用园林植物分隔空间分为实隔与虚隔。实隔为园林植物栽植紧密，不通透，如图 1-1-12 所示为草坪营造的半封闭空间。虚隔的形式有多种，可以利用落叶植物进行分隔，根据季节的变化呈现虚实交错的空间分隔形式，即春、夏季实隔，秋、冬季虚隔（图 1-1-13）；低矮灌木、草花也可起到分隔空间的作用，虽然空间上有所分隔，但视线未受影响，所以也是虚隔的一种（图 1-1-14）。

　　拓展空间　当人们看到墙的时候，会感受到空间的尽头，会给欣赏者以消极的心理暗示，降低游玩的兴趣，所以在空间尽头通常利用具有通透性的园林植物进行装饰，既限制了游人游玩的路线，同时又拓展了空间，使游人在视觉上得到满足。此外，园路的尽头如果是墙，也可以在墙边进行植物装点，然后设置一条弯路，给人以遐想，达到了空间拓展的作用（图 1-1-15）。

　　④增加季节特色　园林植物是具有动态变化的园林要素，植物的枝干、叶、花、

果实等在形态、色彩、结构等方面表现各异，呈现明显的季相变化。从空间序列来看，合理的植物景观设计可以营造"三季有花、四季常青"的动态景观，增加了空间环境的动感。

在园林实践中，利用植物的季相变化营造植物景观，已成为园林植物配置的一种基本方法。例如，扬州的个园分别用反映不同季节的石材与植物营造出体现四季景象的景观（图1-1-16）；再如，苏州白塘公园有4个岛，分别是春岛、夏岛、秋岛和冬岛，顾名思义，各岛上都栽植具有季相变化的植物种类，构成一年四季美丽的时序景观。

⑤**控制视线**　利用园林植物控制视线是园林植物景观设计中常用的手法。例如，利用植物形成框景、障景等；利用植物装点角隅处（图1-1-17）、厕所等。

a. 春季　　　　　　　　　　　　　　　　b. 夏季

c. 秋季　　　　　　　　　　　　　　　　d. 冬季

图1-1-16　扬州个园四季假山

简答题

（1）什么叫作植物造景？

（2）园林植物的生态功能包括哪些？

（3）园林植物的美学功能包括哪些？

实训题

根据园林植物美学功能的理论知识，拍摄符合美学功能的植物景观图片。

图 1-1-17　植物装点角隅处

单元2

园林植物的景观特性

数字资源

知识准备

园林植物种类繁多、姿态各异，按照生长习性和自然生长发育的整体形态，可以分为乔木、灌木、藤本、花卉、草坪和地被植物等，它们以整体或某一器官的形态、色彩或质感等展示较高的观赏价值，通过四季的季相变化构成四时演变的时序景观，展现其独有的自然之美。近年来，随着园林康养景观概念的提出，植物的康养功能也被挖掘出来。当人们欣赏园林植物景观时，通过视觉、嗅觉、触觉、听觉、味觉五大感官媒介感知并产生心理反应与情绪，达到疗愈作用。

1. 园林植物形态特性

1）园林植物整体形态

植物的大小即体量，是最重要的观赏特性之一，因为体量直接影响到景观构成中的空间范围、结构关系、设计构思与布局。

（1）乔木

①乔木分类及其造景作用　乔木指树体高大的木本植物，通常高度在5m以上，具有明显而高大的主干。依成熟期的高度，乔木可分为大乔木、中乔木和小乔木。依生长习性，乔木可分为常绿乔木和落叶乔木。依叶片类型，则可分为针叶乔木和阔叶乔木。

各类乔木在自然界的分布，取决于土壤、光照及水分供应等情况。在无霜期太短的地区或缺雨的干旱半干旱地区，乔木一般都不能生长。乔木的形态因种类不同而有很大差别，气候、土壤以及小环境的不同也可影响乔木的形态。例如，生长于森林中的乔木，其树冠形态与生长于开阔地的不同，一般后者冠幅更大（图1-2-1）。

乔木是植物景观营造的骨干材料，具有明显高大的主干，枝叶繁茂，绿量大，生长年限长，景观效果突出，在植物造景中占有最重要的地位。从很大程度上来说，乔木在园林中的造景方法是决定植物景观营造成败的关键。

大中型乔木是城市植物景观体系的基本结构，也是构成园林空间的骨架，在空间划分、围合、屏障、装饰、引导及美化方面都起着决定性的作用。因此，在进行植物景观设计时，应首先确立大中型乔木的位置。大中型乔木在园林景观中易形成视线焦点，并在建筑群或地形所构成的空间中起围合作用，统一与软化建筑立面，还可作较大园林建筑的背景或障景，遮挡建筑西北面的西晒与北风，为停放车辆及行人提供绿荫等。

小乔木可从垂直面和顶平面两个方面限制小空间。如果分枝点过低，其树冠顶端形成的顶平面给人压抑感；当小乔木的树冠低于视平线时，则垂直面封闭空间；当视线能透过树干和枝叶时，人们能见的空间有深远感。由于小乔木树冠形成的室外空间顶平面犹如天花板，给人以封闭感，因而常用于景观分隔、空间限制与围合。当然，小乔木也可作为焦点和构图中心，往往以形状突出、花色优美或果实累累的树种为主（图1-2-2）。

图1-2-1　白塘生态植物园的墨西哥落羽杉

图1-2-2　小乔木作为焦点和构图中心

单元2

园林植物的景观特性

乔木除了自身的观赏价值以及作为植物景观骨架外，对其他植物景观的营造也有很大的作用。高大的乔木可以为其他植物的生长提供生态上的支持。例如，一些耐阴的花灌木和草本植物如连翘、玉簪等需要在适当遮阴的条件下才能生长良好；而一些附生植物如鹿角蕨，需要以乔木为栖息地，在乔木树体上生长，乔木的枝干就成了它们生长的"土壤"。

②乔木树形　植物的外形，尤其是园林树木的树形是重要的观赏要素之一，对园林景观的构成起着至关重要的作用，乔木树种更是如此。不同的树形可以引起观赏者不同的视觉感受，因而具有不同的景观效果。若经合理配置，树形可产生韵律感、层次感等不同的艺术效果。针叶乔木类的树形以尖塔形和圆锥形居多，加上多为常绿树，故多有严肃端庄的效果，园林中常用其作规则式配置；阔叶乔木的树形以卵圆形、圆球形等居多，多有浑厚朴素的效果，常采用自然式配置。乔木常见的树形有以下几种：

圆柱形　中央领导干较长，分枝角度小，枝条贴近主干生长。圆柱状的狭窄树冠，多有高耸、静谧的效果，尤其以列植时最为明显（图1-2-3），如杜松、新疆杨等。国外培育了大量的柱状乔木品种，如柱形红花槭、柱形美洲花柏、直立紫杉，部分品种在国内有栽培。

尖塔形　主枝平展，与主干几乎构成90°角，基部主枝最粗长，向上逐渐细短（图1-2-4）。尖塔形树冠不但有端庄的效果，而且给人一种刺破青天的动势，如雪松、窄冠侧柏、日本金松以及幼年期银杏和水杉的树冠。

圆锥形　主枝向上斜伸，与主干构成45°~60°角，树冠较丰满，呈狭或阔圆锥状（图1-2-5）。圆锥形树冠从底部逐渐向上收缩成尖顶状，其总轮廓非常明显，有严肃、端庄的效果，可以成为视线焦点，尤其是与低矮的圆球形植物配置时，对比强烈。若植于小土丘上方，还可加强小地形的高耸感。常见的有常绿树如圆柏、侧柏、罗汉柏、

图1-2-3　圆柱形

图1-2-4　尖塔形

| 图1-2-5　圆锥形 | 图1-2-6　卵圆形 |

图1-2-7　垂枝形　　　　　　图1-2-8　棕榈形　　　　　　图1-2-9　风致形

广玉兰、厚皮香、日本柳杉等的树形，落叶树如华北落叶松、金钱松、水杉、鹅掌楸、毛白杨、灯台树等的树形。

　　卵圆形和圆球形　中央领导干不明显，或至有限高度即分枝。卵圆形或圆球形的树冠外形柔和，多有朴实、浑厚的效果，给人以亲切感，并且可以调和外形较强烈的植物类型（图1-2-6）。常见的有常绿树如樟树、桂花、榕树等的树形，落叶树如元宝枫、重阳木、梧桐、黄栌、黄连木、无患子、乌桕、枫香、丝棉木、杏树等的树形。与此相类似的树形还有扁球形、倒卵形、钟形和倒钟形等。

　　伞形和垂枝形　伞形树冠的上部平齐，呈伞状展开；垂枝形植物具有明显悬垂、下弯的枝条，具有引导人们视线向下的作用（图1-2-7）。伞形和垂枝形树冠可营造优雅平和的气氛，给人以轻松、宁静之感，适植于水边、草地等安静休息区。如合欢、凤凰木、鸡爪槭、红豆树的树冠一般呈伞形，而垂柳、龙爪槐、垂枝桑、垂枝桦、垂枝榆等枝条下垂。

　　棕榈形　主干不分枝，叶片大，集生于主干顶端（图1-2-8）。棕榈形树冠也多呈伞形，树体特异，可展现热带风光，如棕榈、蒲葵、大王椰子、椰子等棕榈科植物的树形，苏铁等苏铁科植物的树形，以及桫椤等木本蕨类植物的树形。

图1-2-10 珊瑚树

图1-2-11 八角金盘

风致形 该类植物形状奇特，姿态万千。如黄山松长年累月经受风吹雨打，形成特殊的扯旗形（图1-2-9）。还有一些在特殊环境中生存多年的老树，具有或歪或扭或旋等不规则姿态。这类植物通常应用于视线焦点，孤植供观赏。

（2）灌木

①灌木分类及其造景作用 灌木指树体矮小、主干低矮或无明显主干、分枝点低的树木，通常高5m以下。有些乔木树种因环境条件限制或受人为栽培措施影响可能发育为灌木状。灌木也有常绿和落叶、针叶和阔叶，以及大灌木和中灌木、小灌木之分。

大灌木在景观构成中犹如垂直墙面，可构成闭合空间或屏蔽视线，其顶部可开敞，还能将人的视线与行动引向远处。如果采用的灌木为落叶树种，则围合的空间随季节而变化；如果采用常绿树种，则空间保持不变。如珊瑚树常用于屏蔽园林中的厕所、垃圾桶等，或用于分割园林景区（图1-2-10）。大灌木也可应用于构图中心和视线焦点，作为主景或用于引导视线，如配置于入口附近、道路尽头、转弯处，作为通往空间的标识或突出的景点；大灌木还可作为某一景物的背景，如雕塑或花灌木的背景。由于具有落叶或常绿的特性，设计时应考虑背景的色彩与搭配。

中灌木的空间尺度最具亲和性，能围合空间或应用于高大灌木与小乔木、矮小灌木之间的视线过渡，并且易于与其他高大物体形成对比，从而增强后者的体量感。同时，中灌木的高度与视平线平齐或更低，在空间设计上具有形成矮墙、篱笆及护栏的功能。花色优美的种类可通过孤植或丛植来创造视觉的兴奋点，在自然式配置中应用很多，如山茶、栀子、八角金盘（图1-2-11）、大叶黄杨、瓜子黄杨（图1-2-12）等。

小灌木可以在不遮挡视线的情况下分割或限制空间，从而形成开敞空间。小灌木在道路景观中广泛运用，既能不影响行人视线，又起到限制人的行动范围的作用。在构图上，小灌木具有视觉上的连接作用，一般以连续绿篱的形式进行种植，结合修剪形成规整的景观效果，既可以作为花坛、绿地的界定，又可单独作为隔离绿带。小灌木还常用于与较高物体的对比。如乔木与小灌木绿篱的结合（图1-2-13），大灌木与小灌木的对比，都能获得较佳的观赏效果。

园林中应用的灌木种类繁多，形态各异，通常具有美丽芳香的花朵、色彩丰富的叶片或诱人的果实等。在园林植物群落中，灌木处于中间层，起着乔木与地面及建筑物与地面之间的连接和过渡作用。大多数灌木的平均高度基本与人的平视高度一致，因此极易形成视觉焦点，在园林景观营造中具有极其重要的作用。灌木作为低矮的障碍物，还可用来强调道路的线形和转折点、引导人流、作为低视点的平面构图要素，与中小乔木一起加强空间的围合，并可作为较小前景的背景。大面积种植灌木，还可以形成群体植物景观（图1-2-14）。

②灌木树形　园林中应用的灌木，一般受人为干扰较大，树形经修剪整形后往往发生很大变化，但总体上可分为四大类。

丛生球形　树冠团簇丛生，外形呈圆球形、扁球形或卵球形等，多有朴素、浑实之感，造景中最宜用于树群外缘，或装点草坪、路缘和屋基。常见的常绿灌木如海桐、

图1-2-12　瓜子黄杨

图1-2-13　乔木与小灌木绿篱结合

图1-2-14　灌木群植

图1-2-15　大叶黄杨

球柏、千头柏、金边胡颓子、大叶黄杨（图1-2-15）等，落叶灌木如榆叶梅、绣球、棣棠等。

长卵形　枝条近直立生长而形成的狭窄树形，有时呈长倒卵形或近于柱状。尽管没有明显主干，但该类树形整体上有明显的垂直轴线，具有挺拔向上的生长势，能突出空间的垂直感。如木槿、海棠花、西府海棠（图1-2-16）、树锦鸡儿等。

偃卧及匍匐形　植株的主干和主枝匍匐地面生长，上部的分枝直立或匍匐，如铺地柏、叉子圆柏、偃柏、匍地龙柏（图1-2-17）、偃松、平枝栒子、匍匐栒子等，适作木本地被或植于坡地、岩石园。这类树冠属于水平展开型，具有水平方向生长的习性，其形状能使设计构图产生一种广阔感和外延感，引导视线沿水平方向移动。因此，常用于在视线的水平方向上联系其他植物，并能与平坦的地形、平展的地平线和低矮水平延伸的建筑物相协调。

拱垂形　枝条细长而拱垂，株形自然、优美，多有潇洒之姿，能将人们的视线引向地面，如连翘、云南黄馨（图1-2-18）、迎春花、探春花、胡枝子等。拱垂形灌木不仅具有随风飘荡、富有画意的姿态，而且下垂的枝条使构图重心更加稳定，还能活跃视线。

为能更好地表现该类植物的姿态，一般将其植于有地势高差的坡地、水岸边、花台、挡土墙及自然山石旁等处，使下垂的枝条接近人的视平线，或者在草坪上应用构成视线焦点。

（3）人工树形

除自然树形外，造景中还常对一些萌芽力强、耐修剪的树种进行整形，将树冠修剪成人们想要的各种人工造型。如修剪成球形、柱状、圆锥形等各种几何形体，或者修剪成各种动物的形状，用于园林点缀。选用的树种应该是枝叶密集、萌芽力强的种类，常用的有雀舌黄杨、小叶女贞、大叶黄杨、海桐、枸骨等。如图1-2-19所示为扬州瘦西湖盆景园黑松造型。

图1-2-16　西府海棠

图1-2-17　匍地龙柏

图1-2-18　云南黄馨

图1-2-19　黑松

2）园林植物各器官形态

（1）叶

园林植物叶的形状、大小及在枝干上的着生方式各不相同。以大小而言，小的如侧柏、柽柳的鳞形叶长2~3mm，大的棕榈类植物叶片可长达5~6m甚至10m以上。一般而言，叶片大者粗犷，如泡桐、臭椿、悬铃木；小者清秀，如黄杨、胡枝子、合欢等。

叶片的基本形状主要有：针形，如油松、雪松的叶片；条形，如冷杉的叶片；披针形，如夹竹桃、垂柳等的叶片；椭圆形，如柿树等的叶片；卵形，如女贞、梅等的叶片；圆形，如中华猕猴桃、紫荆等的叶片；三角形，如加拿大杨、白桦等的叶片。叶片还有单叶、复叶之别，复叶又有羽状复叶、掌状复叶、三出复叶等类别。

另有一些叶形奇特的种类，以叶形为主要观赏要素，如银杏叶片呈扇形、鹅掌楸叶片呈马褂形、琴叶榕叶片呈提琴形、槲树叶片呈葫芦形、龟背竹叶片形若龟背，龟甲冬青、变叶木、龙舌兰、羊蹄甲（图1-2-20）等亦叶形奇特，而芭蕉、长叶刺葵、苏铁、椰子等的大型叶具有热带情调，可展现热带风光。

（2）花

花朵的观赏价值表现在花的形态、色彩和芳香等方面。花的形态美既表现在花朵和花序本身的形状，也表现在花朵在枝条上的排列方式。花朵有各式各样的形态和大小，有些植物花形特别，极为优美。如金丝桃的花朵金黄色，细长的雄蕊灿若金丝；光叶珙桐的头状花序上2枚白色的大苞片如同白鸽展翅（图1-2-21）。

①花相　花或花序在树冠、枝条上的排列方式及其所表现的整体状貌称为花相，有纯式和衬式两大类。前者开花时无叶，后者开花时已经展叶或为常绿树。花相主要有以下几种类型：

独生花相　花序只有一个，生于干顶，如苏铁的花序（图1-2-22）。

干生花相　花或花序生于老茎上，如紫荆（图1-2-23）、山麻杆（图1-2-24）、木菠萝、可可的花序。

线条花相　花或花序较稀疏地排列在细长的花枝上，如迎春花、连翘、金钟花（图1-2-25）的花序。

星散花相　花或花序疏布于树冠的各个部位，如珍珠梅、鹅掌楸、白玉兰（图1-2-26）的花序。

团簇花相　花或花序大而多，密布于树冠各个部位，如木绣球（图1-2-27）的花序。

图1-2-20　粉花羊蹄甲叶片

图1-2-21　光叶珙桐花序

图1-2-22　苏铁花序

图1-2-23　紫荆花序

图1-2-24　山麻杆花序

图1-2-25　金钟花花序

图1-2-26 白玉兰花序　　　　　　　　　　　图1-2-27 木绣球花序

密满花相　花或花序密布于整个树冠中，如毛樱桃、樱花、日本樱花（图1-2-28）的花序。

②花期　春季开花的植物有：迎春花、玉兰、深山含笑、樱花、梅、杏、麻叶绣球、垂丝海棠、贴梗海棠、棣棠、榆叶梅、郁李、连翘、紫丁香、碧桃、紫藤、木绣球等，以及二年生花卉和秋植球根花卉。

初夏和夏季开花的植物有：海仙花、锦带花、山梅花、溲疏、含笑、珍珠梅、柽柳、栾树、夹竹桃、石榴、金丝桃、广玉兰等，以及部分一年生花卉、春植球根花卉。

秋季开花的植物有：桂花、油茶、胡枝子、紫花羊蹄甲、木芙蓉、十大功劳、胡颓子等，以及大多数一年生花卉和春植球根花卉。

冬季开花的植物有：八角金盘、枇杷、金花茶以及阔叶十大功劳等。

此外，还有些植物花期很长，如月季、木槿、紫薇、悬铃木、叶子花、白兰花等。

（3）果实

果实和种子的观赏特性主要表现在形态和色彩两个方面。果实形态一般以奇、巨、丰为观赏要点。

奇者，果实奇特，如铜钱树的果实形似铜币，滨枣果实为草帽状，腊肠树果实形似香肠，紫珠的果实宛若晶莹剔透的珍珠。其他果形奇特的还有佛手、黄山栾树、木通等。

巨者，单果或果穗巨大，如柚子单果径达 15~20cm，重达 3kg，其他如石榴、柿树、苹果、木瓜的果实都较大，而火炬树、葡萄、南天竹虽果实不大，但集生成大果穗。

丰者，指全株结果繁密，如火棘、秤锤树（图1-2-29）、紫珠（图1-2-30）、花楸等。

（4）枝干

园林植物的枝干也是重要的观赏要素。树木主干、枝条的形态千差万别、各具特色。或直立，或弯曲；或刚劲，或细柔。如酒瓶椰子的树干状如酒瓶，佛肚树的树干状如佛肚。

图 1-2-28　日本樱花

图 1-2-29　秤锤树果实

图 1-2-30　紫珠果实

图 1-2-31　龟甲竹

常见的枝干具有特色的树种还有：干皮光滑的紫薇；树皮片状剥落呈斑驳状的白桦、白皮松、木瓜、悬铃木等；小枝下垂的垂柳、垂枝桦等；小枝盘曲的龙爪柳、龙桑、龙爪枣、龙爪槐等；枝干具有刺毛的峨眉蔷薇、红腺悬钩子等。此外，龟甲竹竹秆下部或中部以下节间极度缩短、肿胀，交错成斜面，呈龟甲状（图 1-2-31）。

2. 园林植物色彩特性

艺术心理学家认为，视觉对色彩最敏感，其次才是对形体和线条等。色彩是园林植物最引人注目的观赏特征。色彩还被看作情感的象征，直接影响着环境空间的气氛和观赏者的情感。鲜艳的色彩可以营造轻快欢乐的气氛，深暗的色彩则使人感到郁闷。由于色彩易被人看见，因而是构图的重要因素。植物的色彩通过植物的各个部分呈现出来，如叶、花、果实及枝干。

1）叶色

叶色与花色及果色一样，也是重要的观赏要素。除了常见的绿色以外，许多植物尤其是园林树木的叶片在春季、秋季或在整个生长季内甚至常年呈现异样的色彩，像花朵一样绚丽多彩。利用园林植物的不同叶色可以表现各种艺术效果，尤其是运用秋色叶树种和春色叶树种可以充分表现园林景观的季相美。

（1）绿叶植物

绿色是自然界中最普遍的色彩，是生命之色，象征着青春、和平和希望，给人以宁静、安详之感。大多数植物的叶色为绿色，但深浅各不相同，而且与发育阶段有关，如垂柳初发叶时叶色由黄绿逐渐变为淡绿，夏、秋季为浓绿。

一般而言，常绿针叶树和阔叶树的叶色较深，落叶树叶色较浅（尤其是春季新叶）。多数阔叶树早春的叶色为嫩绿色，如刺槐等；银杏、悬铃木、合欢、落叶松、水杉等一些落叶阔叶树和部分针叶树早春叶色为浅绿色；大叶黄杨、女贞、枸骨、柿树等叶色深绿；油松、侧柏、圆柏等多数常绿针叶树及山茶等常绿阔叶树早春叶色为暗绿色。此外，翠柏早春叶色为蓝绿色，桂香柳、胡颓子早春叶色为灰绿色。

（2）色叶植物

色叶植物也称彩叶植物，是指叶片呈现红色、黄色、紫色等异于绿色的色彩，具有较高观赏价值，以叶色为主要观赏要素的植物。色叶植物的叶色表现主要与叶绿素、胡萝卜素和叶黄素以及花青素的含量和比例有关。温度、光照强度、光照时间、光质及栽培措施如肥水管理等均能使叶内各种色素尤其是胡萝卜素和花青素的含量及比例发生变化，从而影响色叶植物的色彩。

就树种而言，在园林应用上，根据叶色变化的特点，可以将其分为春色叶树种、秋色叶树种、常色叶树种和斑色叶树种等几类。

①春色叶树种　春季新发生的嫩叶呈现红色、紫红色或黄色等。常见的有红叶石楠（图1-2-32）、山麻杆、臭椿（图1-2-33）等。"一树春风千万枝，嫩于金色软于丝"，白居易的《杨柳枝词》把早春垂柳枝条的那种纤细柔软、嫩黄如金的色彩描绘得生动形象。

②秋色叶树种　指秋季叶色变化比较均匀一致，持续时间长，观赏价值高的树种。如秋叶红色的火炬树（图1-2-34）、鸡爪槭、乌桕、槲树、盐肤木、卫矛、花楸等，秋叶黄色的银杏、大叶白蜡（图1-2-35）、鹅掌楸、白蜡、无患子、黄檗等，秋叶古铜色或红褐色的水杉、落羽杉、池杉、水松等。"停车坐爱枫林晚，霜叶红于二月花"，唐代诗人杜牧描绘秋叶的诗句脍炙人口、流传至今。

③常色叶树种　大多数是由芽变或杂交产生并经人工选育的观赏品种，其叶片在

整个生长期内或常年呈现异色。如紫色和紫红色叶的紫叶李、紫叶小檗（图1-2-36），黄色叶的金叶女贞（图1-2-37）等。

④斑色叶树种　是指绿色叶片上具有其他颜色的斑点或条纹，或叶缘呈现异色镶边（可统称为彩斑）的树种。许多植物都有叶片具有彩斑的品种，常见的有洒金东瀛珊瑚、金边黄杨（图1-2-38）、金边女贞、花叶锦带（图1-2-39）、变叶木、金边胡颓子等。

图1-2-32　红叶石楠

图1-2-33　臭椿

图1-2-34　火炬树

图1-2-35　大叶白蜡

图1-2-36　紫叶小檗

图1-2-37　金叶女贞

图1-2-38　金边黄杨

图1-2-39　花叶锦带

在草本植物中，也有不少重要的彩叶植物，其中最为著名的是彩叶草和五色苋。其他常见的还有苋、金叶过路黄、银叶菊、红草五色苋、银边翠、花叶玉簪、红叶甜菜、冷水花等。

2）花色

自然界中植物的花色多种多样，除了红色、黄色、蓝紫色、白色等单色外，还有很多植物的花具有两种甚至多种颜色，而经人工培育的一些栽培品种的花色变化更为丰富。

（1）单一花色

①**红色系**　是热情奔放之色，令人振奋鼓舞，对人的心理易产生强烈的刺激，具有极强的诱目性、明视性和美感，但红色也能引发恐怖和动乱、血腥与战争的心理联想，容易令人产生视觉疲劳。

园林植物中红色系种类很多，而且花色深浅不同、富于变化。如榆叶梅、梅花（图1-2-40）、石榴（图1-2-41）、合欢、紫荆、凤凰木、扶桑、夹竹桃、木棉、红千层、贴梗海棠、牡丹、月季、山茶、映山红、一品红、千日红、鸡冠花、矮牵牛、美人蕉等。

②**黄色系**　给人以庄严富贵、明亮灿烂和光辉华丽之感，其明度高，诱目性强，是温暖之色。开黄花的植物主要有蜡梅、迎春花、连翘、金钟花、黄蔷薇、棣棠、金丝桃、金桂、黄杜鹃、栾树、黄刺玫、黄槐、云南黄馨（图1-2-42）、月见草、菊花（图1-2-43）、金盏菊、麦秆菊、萱草、美人蕉、金鱼草、黄菖蒲、万寿菊等。

③**蓝紫色系**　蓝色给人以冷静、沉着、深远宁静和清凉阴郁之感，紫色给人以高贵庄重、优雅神秘之感，均适于营造安静舒适而不乏寂寞的空间。

园林中开纯蓝色花的植物相对较少，一般是蓝紫色、紫蓝色。如紫丁香、紫藤、苦楝、绣球、木槿、蓝花楹、紫玉兰（图1-2-44）、醉鱼草、泡桐、荷兰菊、紫菀、紫罗兰、藿香蓟、一串紫、二月蓝（图1-2-45）、蓝花鼠尾草、婆婆纳、风信子、薰衣草、瓜叶菊、三色堇、紫花地丁、紫茉莉等。

④白色系　给人以素雅、明亮、清凉、纯洁、神圣、高尚、平安、无邪的感觉，但使用过多会有冷清和孤独萧然之感。

白色系开花植物主要有：木绣球、白丁香、山梅花、白玉兰、珍珠梅、麻叶绣球、珍珠绣线菊、白杜鹃、白牡丹、广玉兰、日本樱花、白碧桃、白鹃梅、刺槐、白梨（图1-2-46）、红瑞木、七叶树、石楠（图1-2-47）、鸡麻、女贞、海桐、天目琼花、石竹、百合、银莲花等。

（2）杂色和变化花色

除了单一的花色外，还有杂色和变化花色。有些植物的同一植株、同一朵花甚至同一个花瓣上的色彩也往往不同，如桃花、梅花、山茶均有"洒金"类品种，而金银花、金银木等植物的花朵初开时白色，不久变为黄色；绣球的花色则与土壤酸碱度有关，或白色，或蓝色，或红色。二乔玉兰的花瓣外面紫色，里面白色，表里不一。

图1-2-40　梅花

图1-2-41　石榴

图1-2-42　云南黄馨

图1-2-43　菊花

图1-2-44　紫玉兰

图1-2-45　二月蓝

图1-2-46　白梨

图1-2-47　石楠

3) 果实颜色

就果实而言，一般以红紫色为佳，黄色次之。

常见的观果树种中，果实红色的有石榴、桃叶珊瑚、南天竹、铁冬青、冬青（图1-2-48）、山楂、紫金牛、朱砂根、火棘、金银木、火炬树、花楸、枸杞、小檗、天目琼花、珊瑚树等；果实黄色的有柚子、佛手、柑橘、柠檬、梨、杏、木瓜、沙棘、枇杷等；果实白色的有红瑞木、球穗花楸、湖北花楸等；果实紫色的有葡萄（图1-2-49）、紫珠、海州常山、十大功劳、可可等。草本植物中，果色鲜艳、常用于观赏的有五色椒、乳茄、冬珊瑚、观赏南瓜等。

4) 枝干颜色

枝干的色彩虽然不如叶色、花色那么鲜艳和丰富，但也具有较高的观赏价值。尤其是冬季，乔、灌木的枝干往往成为主要的观赏对象。

枝干绿色的有棣棠、迎春花、梧桐、青榨槭、桃叶珊瑚、绿萼梅、木香，以及大多数竹类植物。

图1-2-48 冬青

图1-2-49 葡萄

图1-2-50 白桦

枝干黄色的有美人松、金枝垂柳、金枝槐、黄金槐、黄桦、金竹、佛肚竹等。

枝干白色的有白桦（图1-2-50）、垂枝桦、银杏、核桃、银白杨等，尤其是几种桦木的树皮如纸状层层剥落，极为美丽。山茶、榉树、朴树的树干也可呈现灰白色。

枝干红色和紫红色的有红桦、红瑞木、偃伏梾木、山桃、斑叶稠李、柽柳、红械、云实等。

此外，在竹类植物中，许多观赏竹的竹秆具有异色条纹或斑点，如竹秆黄色并具有绿色条纹的黄金间碧玉竹，竹秆绿色并具黄色条纹的黄槽竹，竹秆绿色并具有紫色斑点的湘妃竹等。

3. 园林植物美学特性

根据植物特有的观赏特性，从形式美、色彩美两个方面运用艺术手段创造植物景观，从而营造舒适、优美、宜人的环境，有时更能深入表现景观的意境之美。园林植物景观如诗似画，是艺术美的直接体现，更是美丽中国的重要表现。

1）形式美

优秀的艺术作品都是形式和内容的完美结合，植物的形式美是指植物及其"景"的形式在一定条件下使人的心理产生愉悦感。它由环境、物理特性、生理感应三要素构成。形式美的法则主要包括统一与变化、对比与调和、均衡与稳定、节奏与韵律、比例与尺度。

（1）统一与变化

在进行植物景观设计时，植物的形态、色彩、线条、质感等方面要有一定的差异和变化，显示其多样性，但同时植物的配置要有一定的相似性，这样才可以形成既和谐统一又不缺乏多样性的景观。

图1-2-51 公园基调树种

图1-2-52 杭州西湖的云栖竹径

图1-2-53 南京玄武湖公园的月季园

图1-2-54 杭州西湖沿岸道路绿化

运用重复的手法最能体现统一的原则，统一的布局可以给人以整齐、庄严和肃穆的感觉，但过分统一会使景观呆板且单调，所以力求统一中有变化。植物景观设计的统一性主要体现在植物种类的统一、植物种植形式的统一等方面。例如，基调树种选择1~2种，这样在大面积的种植区域中，才能形成统一的基调。在江南园林中，樟树、垂柳通常是各公园中的基调树种，数量最多，形成统一的基调，在此基础上栽植观赏价值高、能反映季相变化的植物来丰富公园景观（图1-2-51）。如杭州的云栖竹径是西湖新十景之一，以竹子著称，这里的竹子种类很多，有散生的、丛生的，但都统一于竹子的形态上（图1-2-52）。在一些专类园中，统一与变化的美学法则也能充分体现。例如，南京玄武湖公园中的月季园，月季种类繁多，因花色、花期、叶形等不同而有所差异，但所有月季的花形都十分相似（图1-2-53）。

在街道绿化中，行道树通常以等距离的方式进行配置，而且选择的树种通常是同种、同龄，高度体现了统一性的原则。此外，林下配以花灌木丰富街道四季景色。例如，杭州西湖沿岸道路两侧的悬铃木体现统一性，林下配置杜鹃花、桂花、石楠丰富街道景观色彩（图1-2-54）；图1-2-55所示为无锡蠡园的街道绿地，以枫杨作为主要的行道树体现统一性，林下配以罗汉松、彩叶草等植物，一方面丰富了垂直空间的景观结构，另一方面丰富了街道景观色彩。

园林植物景观设计

图1-2-55 无锡蠡园道路绿化

图1-2-56 扬州瘦西湖一景

图1-2-57 空间对比

图1-2-58 姿态对比（1）

图1-2-59 姿态对比（2）

图1-2-60 体量对比

（2）对比与调和

对比是借两种或多种性状有差异的景物之间的对照，使彼此不同的特色更加显著。调和则是通过布局形式、造园材料等方面达到统一、协调。对比在整个植物景观设计中有重要的意义，对比会产生很强的冲击力，对比越强，刺激感越强烈，可以给人兴奋、热烈的感受。因此，在植物景观设计中常用对比的手法来突出主题或引人注目。图1-2-56所示为扬州瘦西湖的一处景观，碑石与植物形成鲜明的对比，在绿色植物的映衬下，突显题字"喜结连理"的碑石及夫妻相互扶持的塑像。

对比的形式包括以下几种：

空间对比 指的是开敞空间与闭合空间的对比。空间一开一合，人们的感受也会随着环境的变化而发生变化。如果人从相对狭隘的空间突然进入开敞的空间，会有豁然开朗的感受，"柳暗花明又一村"描述的就是这样一种意境；相反，如果人从开敞空间骤然进入闭合的空间，视线突然受到阻碍，会产生压抑感。所以，巧妙地利用植物营造封闭与空旷的对比空间，有引人入胜的效果。如图1-2-57所示，瘦西湖开阔的湖面给人以开朗的感觉，但瘦西湖的水岸线为自然线型，所以水面空间会呈现多种变化，营造了开敞和闭合的空间，由于空间不断变化，游人欣赏到的景观也随之变化，增加了游玩的趣味。

姿态对比 姿态对人的视觉影响很大，不同的植物具有不同的姿态。一般而言，植物的姿态可以分为垂直方向类、水平展开类、无方向类和其他类。垂直方向类，如尖塔形的雪松、圆柱形的圆柏、圆锥形的钻天杨；水平展开类，如匍匐状的铺地柏；无方向类，大多没有显著的方向性，如卵圆形的桂花、拱枝形的云南黄馨、伞形的龙爪槐等；其他类，包括垂枝形的垂柳、棕榈形的棕榈、特殊修剪的绿篱等。图1-2-58中平静的水面与岸边栽植的向上趋势很强的植物，形成一横一立的对比；图1-2-59中生长势向上的松柏类植物与垂柳之间的对比，更加突出垂柳的线条美。

体量对比 体量指物体在空间中的大小和体积。植物的体量取决于植物的种类，其中乔木的体量最大，地被植物体量最小。由于体量在一个空间中往往给人以重要印象，因此，在园林植物景观设计中往往把具有不同体量的植物以对比的方式形成视觉中心。图1-2-60所示为杭州西湖一个商业亭旁的植物景观，选择鸡爪槭、洒金东瀛珊瑚、杜鹃花以及沿阶草进行配置，将乔木、灌木、地被植物有效地配置在一起，形成错落有致的群落结构。

色彩对比 "远观其色，近观其形"，色彩往往给人以第一印象，色彩对比能使人产生兴奋、刺激的感觉。如图1-2-61所示，红色的园桥与周围的绿色植物形成鲜明的对比，使园桥更加引人注目，使景色增色不少，增加游人游玩的兴致。为了丰富园林植物景观色彩，可选择色差大的植物进行配置，如瘦西湖路边红色系、黄色系的花卉与草坪形成鲜明的对比（图1-2-62）。另外，在一些纪念性的环境中，经常利用常绿树种作为背景，在其前面建造具有历史意义或纪念意义的雕塑，这也是充分利用色彩对比的原则。

虚实对比 植物有常绿与落叶之分，常绿树冠为实而落叶树冠为虚（图1-2-63）。

园林植物的景观特性

植物为实，空间为虚，实中有虚，虚中有实，是现代园林植物景观设计中较常见的手段（图1-2-64）。

　　明暗对比　　明暗给人以不同的心理感受，明处使人感觉开朗活泼，暗处使人感觉幽静柔和。阳光直射的草坪更适于游玩（图1-2-65），幽暗的树林适于休息（图1-2-66）。植物在阳光的照射下形成斑驳的落影，明暗相通，极富诗意。

　　质感对比　　质感是指植物枝条的粗细、叶的大小及生长的密度、干的光滑与粗糙等给人的综合感受。植物的质地有粗质、中质、细质之分，不同的质地给人以不同的视觉感受。不同质感的植物搭配对空间的大小及主题的表达有影响，合理运用质地间的对比和调和是设计中常用的手法。当具有不同质感的植物在设计中同时出现时，往往能形成视觉冲击（图1-2-67）。

图1-2-61　色彩对比（1）

图1-2-62　色彩对比（2）

图1-2-63　落叶树冠与常绿树冠的虚实对比

图1-2-64　空间的虚实对比

图1-2-65　游憩草坪

图1-2-66　安静休息处

图1-2-67　质感对比

（3）均衡与稳定

构图在平面上的平衡为均衡，在立面上的平衡则为稳定。均衡可以是对称的，也可以是不对称的，这是植物配置的一种布局方法。将体量、质地各异的植物种类按均衡的原则配置，景观就显得稳定。植物的质感、色彩、大小等都可以影响均衡与稳定。一般色彩浓重、体量大、数量多、质地粗厚、枝叶茂密的植物种类，给人以重的感觉；相反，色彩淡雅、体量轻巧、数量少、质地细柔、枝叶疏朗的植物种类，则给人以轻盈的感觉。均衡的原则也适用于景深的设计，在园林中应该始终保持前景、中景、背景的位置关系。

①对称式均衡美　对称式的园林构图采用各种对称的几何形状，并且所运用的各种植物材料在品种、体量、数目、色彩等方面是均衡的。对称式均衡常用于规则式建筑及庄严的陵园或雄伟的皇家园林、寺观园林和西方园林中，常给人一种规则、整齐、庄重的感觉（图1-2-68）。

②不对称式均衡美　不对称式均衡赋予景观自然生动的特点。在植物景观设计中，利用体量大的乔木与成丛的灌木配置，会使人感到平衡，因为数量和面积同样会折射为重量的感觉。不对称式均衡常用于公园、风景区等较自然的环境中（图1-2-69）。

③竖向均衡美　是指在竖向设计中，整个画面体现均衡与稳定。众所周知，乔木的树形大多都是上大下小，给人以不稳之感，所以，可在乔木的林荫下配置一些中乔木、小乔木或灌木丛，使其形体加重，从而达到整体的均衡美（图1-2-70）。

单元2

园林植物的景观特性

图1-2-68　对称式均衡美

图1-2-69　不对称式均衡美

（4）节奏与韵律

有规律的再现称为节奏，在节奏的基础上深化而形成的既富于情调又有规律、可以把握的属性称为韵律。韵律包括连续韵律、渐变韵律、交替韵律等。连续韵律指以一种或几种组合要素连续安排，各要素之间保持恒定的距离连续地延长。行道树的种植方式符合这一法则，如苏州街道的香樟（图1-2-71）。渐变韵律是以不同元素的重复为基础，重复出现的图案形状不同、大小呈渐变趋势，形式上更复杂一些。图1-2-72中，杭州西湖的园路采用桃、柳交替种植，所形成的景观也格外优美。

可以利用植物的形态、色彩、质地等景观要素进行有节奏和韵律的搭配。常利用节奏与韵律这一法则的有行道树、高速公路中央隔离带等能使人产生快节奏心理感受的道路绿地景观（图1-2-73）。

（5）比例与尺度

比例是局部与局部之间、整体与局部之间、整体与周围环境之间的大小关系，其与具体尺度无关。不同比例的景观构成会使人产生不同的心理感受。尺度是指跟人有关的物体实际大小与人印象中的大小之间的关系，其与具体尺寸有着密切的关联，并且容易在人心理上定型。园林植物是不断生长变化的，其所占空间受其自身生长特性的制约，其比例和尺也是不断变化的，在进行植物配置时需考虑到这一点。

图1-2-70 竖向均衡美

图1-2-71 连续韵律

图1-2-72 交替韵律

图1-2-73 节奏与韵律

2）色彩美

景观设计师利用植物造景，多是从视觉角度出发，根据植物特有的色彩和形状，运用艺术手法来进行景观创造。植物的色彩在植物景观设计中起到十分重要的作用。

（1）色彩美原理

赏心悦目的景物，一般首先是因为色彩动人而引人注目，然后才是形体美等。园林中的色彩以绿色为基调，配以美丽的花、果及变色叶，构成了缤纷的色彩景观。

①有彩色与无彩色 人眼可辨的色彩大致可分为两大类：有彩色，如红、黄、绿、蓝、橙等系列；无彩色，如黑、白、灰系列。园林植物多以有彩色应用于景观中，以无彩色为主的景观则较少，主要是一些白色干皮植物、白色花等。

②三原色与三补色 红、黄、蓝是色彩的三原色（图1-2-74），与三原色夹角呈180°的颜色，称三补色，即绿、紫、橙。三原色与三补色形成强烈的对比，所以，在园林植物景观设计中，通常利用色彩的互补性来体现对比和强调主体的作用，如绿叶红花。但因互补色具有强烈的视觉刺激，一般在应用时宜降低一方的纯度或减少一方

园林植物的景观特性

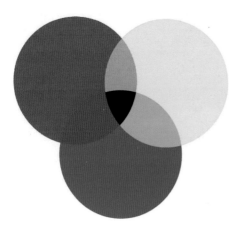

图 1-2-74　三原色与三补色

的面积，如万绿丛中一点红。

③二次色与三次色　二次色是三原色两两混合而成的，又称间色，即橙、绿、紫（图1-2-75）。二次色再相互混合则成为三次色，也称为复色，如红橙、黄橙、黄绿、蓝绿、蓝紫、红紫等。自然界各种植物的色彩变化多样，凡是具有相同基础的色彩（如红与黄之间的橙、红橙、黄橙），与原色如红、黄相互搭配，都可以达到调和的效果。二次色与三次色的混合层次越多，越呈现稳重、高雅的感觉。

④色彩三要素　也称色彩的三属性，即色相、明度和彩度。色相即色彩的相貌，如黄、红、绿。明度指色彩的明亮程度，是色彩明暗的特质。白色在所有色彩中明度最高，黑色明度最低。明度高低依次为：白、黄、橙、绿、红、紫、黑。彩度指颜色的浓淡或深浅程度，称纯度或饱和度。艳丽的色彩明度高，彩度也高，如红、黄、蓝三原色。黑、白色无彩度，只有明度。彩色中，在同一色相，彩度最高的为此色相之纯色。

（2）色彩效应

色彩因搭配与使用的不同，会使人的心理产生不同的情感，即所谓的"色彩情感"。掌握"色彩情感"，并巧妙地运用到植物景观设计中，可以得到事半功倍的效果。

①色彩的冷与暖　有些色彩给人以温暖的感觉，有些色彩则给人以冷凉的感觉，通常前者称为暖色，后者称为冷色，这种冷暖感主要取决于不同的色相。如图1-2-76所示，暖色以红色为中心，包括由黄绿到红紫的一系列色相；冷色以蓝色为中心，包括从蓝

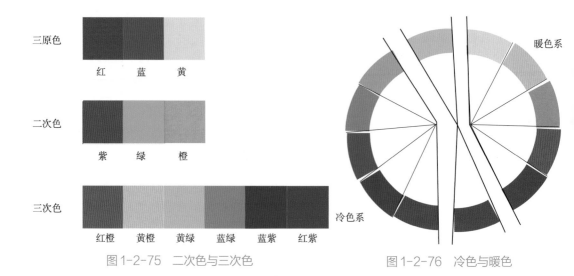

图 1-2-75　二次色与三次色　　　　图 1-2-76　冷色与暖色

图1-2-77　蓝紫色的匍匐筋骨草

图1-2-78　诱目性与明视性

绿到蓝紫的一系列色相；绿和紫同属于中性色。此外，明度、彩度的高低也会影响色相的冷暖。无彩色中，白色显得光亮，黑色显得昏暗，灰色则属中性。鲜艳的冷色及灰色对人的刺激性较弱，常给人以恬静之感，称为沉静色。如图1-2-77所示，蓝紫色的匍匐筋骨草给人一种恬淡、安然的感觉。绿色和紫色（中性色）不会使人产生疲劳感。

②**色彩的诱目性和明视性**　容易引起视线的注意，为诱目性；而由各种色彩组成的图案能让人分辨清楚，则为明视性。要达到良好的景观设计效果，既要有诱目性，也要考虑明视性。一般而言，彩度高的鲜艳色具有较高的诱目性，如鲜艳的红、橙、黄等色彩，给人以膨胀、延伸、扩展的感觉，所以容易引起注意。然而诱目性高未必明视性也高。红色和绿色都非常抢眼，诱目性强，但辨识度不高。明视性的高低受明度差的影响，一般明度差越大，明视性越强。如图1-2-78所示，黄色有很强的诱目性，同时黄色的明度也很高，有很强的明视性。

③**色彩的轻与重**　色彩的轻、重受明度的影响，色彩明亮让人觉得轻，色彩深暗让人觉得重。明度相同，则彩度越高让人觉得越轻，彩度越低让人觉得越重。因此，在室内植物景观设计中采用暗色调植物，可显正统、威严；在室内摆放色彩浅淡的植物，则给人以亲近、轻松、愉快的感觉。同样，在室外的植物造景中，在烈士陵园等比较庄严的场所，植物应选择松、柏等暗色调植物，以营造庄重、肃穆的气氛；而在儿童乐园或节日庆典等场合，则宜选择色彩明艳的植物，以营造活泼、愉快的气氛。在室外植物造景及插花艺术中，如果色彩上暗下浅，则头重脚轻，会有动感、活泼感，但重心不稳；如果下暗上浅，则相反。

（3）配色原则

①**色相调和**

单一色相调和　指同一颜色，浓淡、明暗相互配合。同一色相的色彩，尽管明度或彩度差异较大，也容易取得协调与统一的效果。同色调相互调和，能营造醉人的气氛与情调，但也会让人产生迷惘而精力不足的感觉。因此，在只有一个色相时，必须改变明度或彩度，以及利用植物的形态、光泽、质感等变化，以免单调乏味。

在花坛花卉配色时，如果以深红、明红、浅红、淡红顺序排列，会呈现美丽的色彩图案。如果调和失宜，则显杂乱无章，黯然失色。在园林植物景观中，并非任何时候都有花或者彩叶，绝大多数时候是绿色。而绿色的明暗与深浅的调和使整个景观协调。如草坪、针叶树以及阔叶树、地被植物的颜色深浅搭配，给人不同的、富有变化的色彩感受。图1-2-79所示即采用不同的绿色来创造一个和谐美丽的景观。

近色相调和　近色相具有很强的调和作用，然而它们又有比较大的差异，即使在同一色调上，人们也能够分辨其差别。相邻色相，统一中有变化，过渡不会显得生硬，易取得和谐、温和的效果，并加强变化的趣味性。加之以明度、色度的差别运用，更可营造出各种各样的调和状态，形成既有统一又有变化的优美景观。

近色相的色彩依一定顺序渐次排列，用于园林植物景观设计中，常能给人以协调之美感。如红、蓝相混为紫色，红、紫则为近色搭配。又如图1-2-80所示，绿色与黄绿色为近色相，所营造的景观统一中有变化。如果想打破近色相调和的温和平淡，又要保持统一与调和，可以改变明度或色度。如强色配弱色，或高明度配低明度，对比度会增强。

中差色相调和　红与黄、绿与蓝为中差色相，一般认为其间具有不可调和性。进行植物景观设计时，最好改变彩度，或调节明度。原因是：明度要有对比关系，可以掩盖色相的不可调和性；中差色相接近于对比色，二者均鲜明而诱人，故必须至少要降低一方的彩度，才能得到较好的效果。

蓝天、绿地即是蓝与绿两种中差色相的配合，但由于它们的明度差较大，故而色块配置变化自然，给人以清爽、融合之美感。但在绿地中的建筑物及小品等设施，以

图1-2-79　单一色相调和

图1-2-80　近色相调和

图 1-2-81　中差色相调和　　　　　　　　　　　图 1-2-82　对比色相调和

绿色植物为背景，应避免使用中差色相蓝色。又如图 1-2-81 所示，黄色和红色为中差色相，但图片形成的花带却很美观，是因为降低了黄色的彩度。

　　对比色相调和　对比色配色给人以现代、活泼、洒脱的感受，产生高明视性的效果。在园林景观中运用对比色相的植物进行搭配，能产生对比的艺术效果。

　　对比色相会因为色彩鲜明而互相提高彩度，所以至少要降低一方的彩度才能达到良好的效果。例如，红绿、红蓝是最常用的对比配色，但因其明度都较低，而彩度都较高，所以常互相影响。在进行对比色配色时，还要注意明度差与面积大小的关系。如图 1-2-82 所示，红色和绿色为对比色，但可通过降低一方的种植面积，形成和谐统一的植物景观。

　　为提高花坛及花境的诱目性，引起游客的注意，可以把同一花期的花卉以对比色配置。对比色可以增加颜色的彩度，使整个花群的气氛活泼、向上。

　　②**色块应用**　园林植物景观中的色彩，实际上是由各种大小的色块有机地拼凑在一起而形成的。为突显色彩构图之美，在进行植物景观设计时应考虑以下几个方面。

　　色块体量　可以直接影响园林景观的对比与调和，对绿地景观具有决定性作用。配色与色块体量的关系为：色块大，彩度宜低；色块小，彩度宜高；明色、弱色，色块宜大；暗色、强色，色块宜小（图 1-2-83）。

　　色块浓淡　一般大面积色块宜用淡色，小面积色块宜浓艳些，但还应注意面积的相对大小与视距也有关。互成对比的色块宜近观，有加重景色的效果，远眺则效果减弱；暖色系的色彩，因其彩度、明度较高，所以明视性强，其周围若配以冷色系色彩植物则需面积较大，以取得视感平衡（图 1-2-84）。

　　③**背景搭配**　园林植物景观设计中非常注重背景色的选择与搭配。苏州园林中，由于园主大多是文人出身，或园林是由文人士大夫设计建造，这些文人精通多种艺术门类，经常将绘画、诗词运用到园林设计中。苏州园林院落内的墙面则是一个非常典

图1-2-83 色块面积影响对比与调和

图1-2-84 色块浓淡适宜取得视感平衡

图1-2-85 以粉墙作为背景

图1-2-86 作为雕塑背景

型的艺术创作，粉墙相当于国画的画纸，在粉墙前栽植红枫、桂花、翠竹、芭蕉、柏木等，配以湖石，以植物的自然色彩和姿态作为入画的内容，则树、石跃然墙上，构成一幅画题式的天然图画（图1-2-85）。在现代园林中，经常用攀缘植物来掩饰消极的空间，用绿色植物作为背景，在背景前进行园林植物种植，形成美丽的景观。

从本质上来说，背景的运用就是一种对比手法。背景与欲突出表现的景物宜色彩互补或邻补，以获得强烈、鲜明、醒目的对比效果。因此，除了熟悉园林植物本身的色彩外，还应当了解天然山水和天空的色彩，以及园林建筑和道路、广场、山石的色彩。植物景观既可以各种自然色彩和非生物设施为背景，如蓝天、白云、水面、山石、园林建筑及各种园林小品，也可被用作背景，在其前面搭配雕塑等（图1-2-86）。

3）意境美

意境是中国文学与绘画艺术的重要美学特征，也贯穿于"诗情画意写入园林"的园林艺术表现中。园林意境最早从诗与画创作而来，是意与境的结合，这种结合不仅给人们环境舒适、心旷神怡的心理感受，还可使具有不同审美经历的人产生不同的审美心理。园林植物景观的意境美是指观察者在感知的基础上通过情感、联想、理解等审美活动感知到的植物景观内在的美。

（1）中国花文化与园林植物造景

自古以来，许多文人雅士将园林植物美的要素及园林植物的生物学特性赋予人格化，借以表达人的思想品格、意志，或作为情感寄托，寄情于景，或因景生情，使园林更富有意境。例如，竹子象征人品格清逸与气节高尚；莲花喻君子出淤泥而不染；兰花喻隐居幽士；松和柏苍劲挺拔、蟠虬古拙的形态及常绿的生长特性比拟坚贞不屈、永葆青春的意志和体魄，使其成为正义、永垂不朽的象征；在严冬时节，唯有松、竹、梅傲霜斗雪，屹然挺立，因此人称"岁寒三友"，推崇其顽强的性格和斗争精神；人们赞誉梅、兰、竹、菊为"清华其外，淡泊其中，不做媚世之态"的"四君子"；迎春花、梅花、山茶、水仙被誉为"雪中四友"；庭前植玉兰、海棠、迎春花、牡丹和桂花则称"玉堂春富贵"。此外，还有牡丹国色天香、梅花清致雅韵、玉兰幽谷品逸、杨柳婀娜多姿、合欢纤巧妩媚、红豆相思、紫薇和睦、石榴多子之意。紫藤"夜夜含苞，朝朝待放"，表示欢迎，有热情好客之意。

（2）中国古典园林植物配置形式与造景手法

①中国古典园林植物配置形式　中国古典园林植物配置特别讲究诗情画意，"或一望成林，或孤枝独秀"。《花镜》中谈到了许多植物的造景应用，至今仍有参考价值。如"设若左有茂林，右必留旷野以疏之""前有芳塘，后必筑台榭以实之"等。

中国古典园林对植物的利用充分展示了"天人合一"的思想，人们渴望自然、崇尚自然，追求植物丰富多彩的季相变化。植物配置并无固定模式，总是取法自然，因地制宜，做到"虽由人作，宛自天开"，而且还追求景观的深、奥、幽的意境。如山姿雄浑，植苍松翠柏，山更显得苍润挺拔；水态轻盈，池中栽植荷花，岸边植柳，方显得柔和恬静（图1-2-87），这是我国古典园林植物配置的常用方法，饶有审美趣味。

②中国古典园林造景手法　中国古典园林中，在利用植物造景时，把植物的自然属性与社会属性很好地联系在一起，营造出意境深远的植物景观。这种美的植物景观其实蕴含着深厚的造景艺术方法。

注重师法自然　中国造园从秦汉时期的帝王苑囿，到魏晋南北朝时期的文人自然山水园，以及成熟的文人写意山水园林，皆求自然景观，营造自然景色。在植物造景方面，或直接利用自然植被，或在园林中模仿自然山林植被景观，精心设计种植。如苏州留园西部景区有苏州最大的土石假山，满山遍植槭树、枫香、乌桕、柿树和银杏等秋色叶树种，盛夏浓阴蔽日，金秋红叶似锦，与松柏、竹子等一起，形成了"城市山林"，并成为中部景区的最好借景，从曲溪楼远眺，颇有"枫叶飘丹，以重楼远眺"的意境，可以说是自然山水风景的艺术提炼和概括。

注重诗情画意 中国古典园林中常借植物表达某种意境和情趣。人们对不同植物景观的欣赏，往往要求获得不同的感受。因此，需要合理配置形态、色彩、芳香等方面各具特色的观赏植物，以满足不同的欣赏要求。如垂柳主要观其形，樱花、红枫主要观其色，桂花、蜡梅等主要闻其香，"雨打芭蕉"等主要听其声，而"疏影""暗香"的梅花则形、色、香兼备。如苏州拙政园的雪香云蔚亭，"山花野鸟之间"渲染出"蝉噪林愈静，鸟鸣山更幽"这一意境，游人至此仿佛置身于丘壑林泉之间，山林野趣油然而生（图1-2-88）；又如留园的又一村取材南宋诗人陆游《游山西村》中的"山重水复疑无路，柳暗花明又一村"句意，树丛之西有一洞门，走向门外豁然开朗，柳树和桃树间植于路旁，春季桃花盛开，一片春色美景尽收眼底（图1-2-89）。

巧于因借 中国古典园林大多空间有限，要在有限的空间内表现无限的自然美景，可运用"因借"的手法。例如，苏州拙政园西部原为清末张氏补园，与拙政园中部分别为两座园林，西部假山上设宜两亭，邻借拙政园中部之景，一亭尽收两家春色（图1-2-90）；与谁同坐轩是一座扇亭，借后面的浮翠阁的顶盖恰好组成一个完整的扇子形状（图1-2-91）。

注重植物风韵美的运用 风韵美是植物自然美的升华。在中国古典园林造景中，利用植物的风韵美创造园林意境是常用的传统手法。白皮松树皮斑斓如白龙，多植于

图1-2-87　池中栽植荷花

图1-2-88　苏州拙政园雪香云蔚亭

图1-2-89　留园又一村

图1-2-90　苏州拙政园宜两亭

图1-2-91 苏州拙政园与谁同坐轩

图1-2-92 白皮松

图1-2-93 留园揖峰轩

图1-2-94 留园绿荫轩

皇家园林和寺院中，"叶坠银钗细，花飞香粉干；寺门烟雨里，混作白龙看"（图1-2-92）。

按照画理取材　画理是国画原理和技法的论述、绘画经验之总结。中国山水画是以自然山水、风景形象为主的源于自然但又高于自然的艺术表现，"咫尺之图，写百千里之景""东西南北，宛尔目前；春夏秋冬，生于笔下"。苏州现存的明清园林，大多由画家参与营造，如拙政园、狮子林、艺圃、怡园等。由于画家的参与，园景充满了画意，清新不俗。如留园揖峰轩北包檐墙上的两帧"尺幅窗"，窗外小天井中修竹摇曳，旁有峰石一二，酷似《竹石图》（图1-2-93）；又如留园绿荫轩的花窗将轩外的竹石景观框丁窗内，好比一幅画（图1-2-94）。

建筑与植物完美结合　没有植物衬托的建筑缺乏生动的韵味。中国古典园林中建筑较多，造型各异，功能各不相同，以植物命题的建筑和景点能使园林主题更突出。如苏州狮子林的问梅阁（图1-2-95），借李俊明的诗"借问梅花堂上月，不知别后几回圆"为阁名，阁内花窗纹样、家具装饰、地面花纹皆雕刻成梅花形，屏上书画也都取材梅花，阁外有梅数枝，处处彰显梅花主题，植物与建筑完美结合。狮子林的修竹亭也是植物与建筑完美结合的典型。亭旁栽一丛修竹与亭相互辉映，亭中有景，景中有亭（图1-2-96）。

单元2

园林植物的景观特性

图 1-2-95　苏州狮子林问梅阁

图 1-2-96　苏州狮子林修竹亭

4. 园林植物康养特性

随着康养花园的不断涌现，人们对植物景观的要求不仅局限在美化和生态功能上，甚至要求具有疗愈功能，因此要充分认识到园林植物康养特性的重要性及其应用。园林植物根据其康养特性分为疗愈植物、养生植物以及生态性康养植物。

疗愈植物是指对某些疾病具有疗愈作用的植物。疗愈植物按其不同的作用方式又可分为三大类：一是外疗型植物，即植株可以释放抗菌和抗病毒的挥发物，通过人的呼吸系统或皮肤毛孔进入人体，从而对某些疾病具有疗愈效果。科学合理地配置疗愈植物，对人的身心有一定的疗愈效果。代表性植物有美国扁柏、百里香等。二是内疗型植物，即用植物的根、茎、叶、花、果等提取具有药效的物质，采取内服或外用的方式达到疗愈效果，代表性植物有山茱萸、杜仲等。三是综合型植物，即既具有外疗型的特质，也具有内疗型功效的药用植物，代表性植物有薄荷、金银花等。

养生植物指叶、花、根、果、枝干和表皮等地上部分含有活性挥发物质，释放到空气中，对人的身心有着明显的保健养生功效的植物。这类植物的特点表现在其活性挥发物质与人体鼻子黏膜上的嗅觉细胞接触后，刺激人的嗅觉神经，加快人体血液循环，有助于消除神经紧张，使人体处于放松状态，达到康体保健与养生的功效。代表性植物有梅花、白兰花、水仙等。

生态性康养植物则是通过改善一些特殊生态因子，从而有效改善生态环境，间接保护人的身心健康。此类植物对人体无害，但生态效益高，如具有吸收太阳辐射、调节环境温度和湿度、固碳释氧、吸收空气中的有害气体、滞尘减噪等功能。代表性植物有大叶女贞、大叶黄杨、法桐等。

还有一类植物，因汁液有毒或有飞絮等会对人体健康不利。此类植物若确有较高观赏价值，也可少量栽植。代表性植物有夹竹桃、漆树、毛白杨等。

简答题

（1）乔木有哪些树形？请举例说明。

（2）色叶植物有哪些种类？请举例说明。

实训题

根据给定的植物景观效果图（图 1-2-97）进行抄绘并上色。手绘或采用 Photoshop 软件皆可，用 A3 图纸完成。

图 1-2-97　植物景观效果图

单元3
园林植物景观设计原则与配置形式

数字资源

知识准备

1. 园林植物景观设计原则

人与自然是生命共同体，人类必须尊重自然、顺应自然、保护自然。进行植物景观设计时，要遵循植物的生物学特性、生态习性，进行科学合理配置，切实改善城市生态环境，提升城市宜居水平。

1）满足生态、美观的要求

植物景观设计目的是为人们提供一个生态良好、景色宜人的植物空间。因此，植物景观设计必须满足生态功能要求，完善城乡绿色生态网络，促进城乡绿色低碳转型和可持续发展；同时，又要有"三季有花，四季常青"的动态季相变化，为人们提供良好的休憩、娱乐环境。

2）满足各类绿地的功能要求

随着人们对居住环境需求的多样化，园林植物配置无论在植物种类选择还是配置形式上，都要力求变化，满足人们休闲游憩、运动健身、文化科普、防灾避险等功能要求，为人们提供类型丰富的活动空间。

3）植物选择力求本土化、多样化

乡土植物适应本地的生态环境，生长良好，后期养护成本低。《国务院办公厅关于科学绿化的指导意见》中指出，推广生态绿化方式，在树种、草种选择上要乡土化、多样化，特别是要审慎使用外来树种和草种，坚决反对大树进城，避免片面追求景观化。鼓励农村"四旁"（水旁、路旁、村旁、宅旁）种植乡土珍贵树种，打造生态宜居的美丽乡村。

从物种多样性来看，要突出地方特色，同时注重植物种类的多样化，以显示人工创造的"第二自然"中蕴含的植物多样性；从造景方式多样化角度来看，为了增加绿化空间，可以进行立体绿化，如墙体绿化或屋顶花园，这也要求植物种类多样性。

总之，利用植物进行景观设计时，既要保障植物的乡土化，以其发挥其最大的美化、生态等功能，又要保障植物的多样化，以其创造多变的植物景观和多样的绿化形式。

4）形成稳定的人工群落

在进行园林植物景观设计时，应该对各种乔木、灌木、藤本、花卉及地被植物进行合理的配置，宜乔则乔、宜灌则灌、宜草则草，做到乔、灌、草有机结合，形成层次分明、季相变化丰富且稳定的植物群落，完善城市生态网络，促进城市绿色低碳转型和可持续发展。

2. 园林植物景观配置形式

园林植物景观设计是按照园林植物的生态习性，运用美学原理，依据其形态、色彩进行平面和立面构图，使其具有不同形式的组合，创造各种引人入胜的植物景观。配置的形式多样，主要以规则式和自然式为主。

规则式又称整形式、几何式、图案式等，是把植物按照一定的几何图形栽植，具有一定的株行距或角度，视觉冲击力强，营造整齐、严谨、庄重的氛围，常给人以雄伟之感，体现一种严整、大气的人工艺术美，但有时也显得呆板、单调乏味。常用于规则式园林和庄重的场合，如寺庙、陵墓、广场、道路、入口以及大型建筑周围等（图 1-3-1）。

自然式又称风景式、不规则式，植物景观呈现出自然状态，没有明显的轴线关系，各种植物根据艺术原理自由灵活地配置。树木种植没有固定的株行距和排列方式，形态、大小不一，富于变化，体现出柔和、舒适的空间艺术效果。适用于自然式园林、风景区和一般庭院，如大型公园和风景区常见的疏林草地就属于自然式配置。中国式庭园、日本式茶庭及富有田园风趣的英国式庭院多采用自然式配置。如图 1-3-2 所示

图1-3-1 规则式园林——俄罗斯夏宫

图1-3-2 日本枯山水式园林

为日本枯山水式园林，以山石和白沙为主体，辅以常绿树、苔藓与少量落叶植物，用以象征自然界的各种景观。

1）乔、灌木景观配置形式

（1）孤植

在较为开旷的空间，远离其他景物种植单株称为孤植。孤植树也称为园景树、独赏树或标本树。孤植的目的是突出树木的个体美。在设计中孤植树多处于绿地平面的构图中心或园林空间的视觉中心而成为主景，可烘托建筑、假山或水景，具有强烈的标志性、导向性和装饰作用。

孤植树或植株姿态优美，或秋色艳丽，或花果美丽、色彩斑斓。总之，要配置得体，起到画龙点睛的作用（图1-3-3）。

可作孤植树使用的有：雪松、白皮松、冷杉、云杉、油松、金钱松、银杏、广玉兰、小叶榕、垂柳、七叶树、栾树、槐、白桦、元宝枫、柿树、白蜡、皂荚、朴树、合欢、凤凰木、大花紫薇等。

（2）对植

将树形美观、体量相近的同一树种，按照构图中轴线对称的原则进行种植，称为对植。对植多选用树形整齐优美、生长较慢的树种，以常绿树为主，但很多花色美丽的树种也适合对植。

对植常用于房屋和建筑前、广场入口、大门两侧、桥头石阶两侧等，起衬托主景的作用，或形成配景、夹景，以增强透视的纵深感（图1-3-4）。

（3）列植

将树木成行、成带（行列式）地种植，称为列植。列植主要用于公路、铁路、城市街道两旁，广场，大型建筑周围，以及防护林带、农田林网、水边种植带等（图1-3-5）。

列植应用最多的是道路两旁，选用一种树木，通常为单行或双行种植，必要时也可多行种植，且按一定方式排列。行道树列植宜选用树冠形体比较整齐一致的种类。全部种植乔木或将乔木与灌木交替种植皆可。株距与行距应视植物的种类和所需要的郁闭程度而定。

（4）丛植

由2~3株甚至10~20株同种或异种树木按照一定的构图方式组合在一起，使其林冠线彼此密接而形成一个整体的外轮廓线，这种配置方式称为丛植。此种植方式是城市绿地内植物作为主要景观布置时常见的形式，用于桥、亭、台、榭的点缀和陪衬，也可专设于路旁、水边、庭院、草坪或广场一侧，以丰富景观色彩和景观层次，活跃园林气氛。

丛植主要反映自然界小规模树木群体的形象美。这种群体形象美又是通过树木个体之间的有机组合与搭配来体现的，彼此之间既有统一的联系，又有各自形态变化。在空间景观构图上，树丛常作局部空间的主景或配景、障景、隔景等，同时还兼有遮阴作用。以遮阴为主要目的的树丛常选用乔木，并多用单一树种，如毛白杨、朴树、樟树、橄榄，树丛下也可适当配置耐阴花灌木；以观赏为目的的树丛，为了延长观赏期，可以选用多种树种，并注意树丛的季相变化，最好将春季观花、秋季观果的花灌木与常绿树种配合使用，并可在树丛下配置常绿地被植物。

丛植形成的树丛既可作主景，也可以作配景。作主景时，四周要空旷，宜用针叶树与阔叶树混植的树丛，有较为开阔的观赏空间，栽植点位置较高，使树丛主景突出。树丛配置在空旷草坪的视点中心上，具有极好的观赏效果；在水边或湖中小岛上配置，可作为水景的焦点，能使水面和水体活泼而生动。

①**两株丛植**　植物配置在构图上要符合多样统一的原则，既要有调和，又要形成对比。因此，2株树的组合，首先二者需要有相似之处，同时又要有所区别。一般而言，最宜选用同一树种，但在大小、姿态、动势等方面要有所变化（图1-3-6、图1-3-7）。差别太大的2株树木（如棕榈和马尾松）对比性强，配置在一起不协调，不宜丛植。

②**三株丛植**　可以用同一树种，也可以用2个树种，但最好同为常绿树或同为落

图1-3-3　纽约中央公园草坪中央的孤植树

图1-3-4　苏州定慧寺门前对植的银杏

图1-3-5　列植的塔柏

园林植物景观设计原则与配置形式

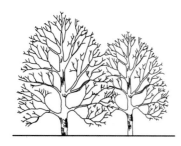

图1-3-6 两株丛植示意图

图1-3-7 两株垂柳丛植

图1-3-8 三株樟树丛植

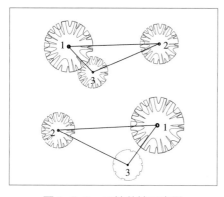

图1-3-9 三株丛植示意图

注：数字代表树种的大小，下同。

叶树（图1-3-8）。树木的大小、姿态都要有对比和差异，可全为乔木，也可乔、灌木结合。在平面布置上，要把3株树置于不等边三角形的3个角上，以一株为主，其余两株为辅，构成主从相宜的画面。3株之间的距离都不相等，可分为两组：最大一株和最小一株靠近些，成为一组；中等的一株要远离一些，作为另一组。但两组在动势上要呼应，构图才不致分割（图1-3-9）。3株忌在一条直线上，也忌等边三角形栽植。若采用2个树种，则忌2个树种各自成组（图1-3-10）。

③**四株丛植** 用同一树种或2个不同的树种，必须同为乔木或同为灌木才易调和。如果应用3个以上的树种，或大小悬殊的乔、灌木，则不易调和；如果是外观极相似的树木，可以超过2种。原则上四株丛植不要乔、灌木合用。当树种完全相同时，在姿态、大小、距离、高矮上应力求不同，栽植点标高也可以有所变化（图1-3-11）。

四株丛植既不能种植成正方形、等边三角形，也不可种植在同一条直线上；要分组栽植，但不能两两成组；树的大小和姿态宜富于变化；树种相同时，在树木大小排列上，最大的一株要在3株组成的一组中，远离的一株可用大小排列在第二或第三位者。当树种不同时，其中3株为一种，还有1株为另一种。单独种类的一株既不能最大，也不能最小，并且这一株不能单独成一个小组，必须与其他种组成一个混交树丛。同时，在这一组中，单独种类这一株应与另一株靠近，并居于中间，不要靠边。四株丛植忌用的形式如图1-3-12所示。

④**五株丛植** 5株同为一个树种的组合方式，每株树的姿态、动势、大小及栽植距离都应不同。最理想的分组方式为3∶2，即3株为一小组，另2株一小组。如果按照大小排序，3株的小组中每株的大小应该分别是1、2、4，或1、3、4，或1、3、5。总之，主体必须在3株的那一组中。3株的

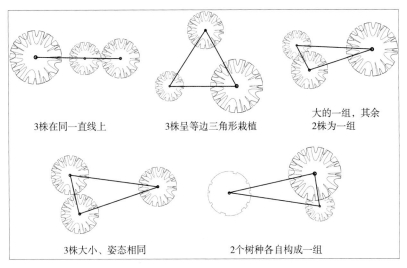

图 1-3-10　三株丛植忌用的形式

（图中文字）
3株在同一直线上
3株呈等边三角形栽植
大的一组，其余2株为一组
3株大小、姿态相同
2个树种各自构成一组

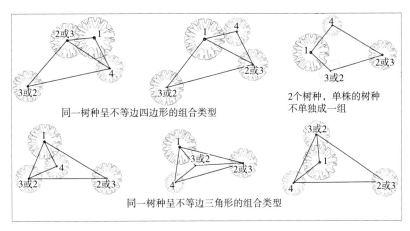

图 1-3-11　四株丛植示意图

（图中文字）
同一树种呈不等边四边形的组合类型
2个树种，单株的树种不单独成一组
同一树种呈不等边三角形的组合类型

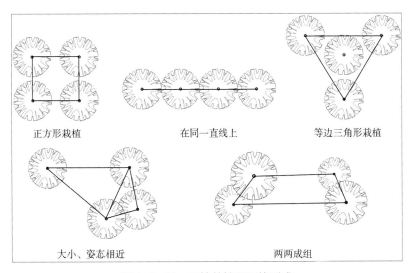

图 1-3-12　四株丛植忌用的形式

（图中文字）
正方形栽植
在同一直线上
等边三角形栽植
大小、姿态相近
两两成组

园林植物景观设计原则与配置形式

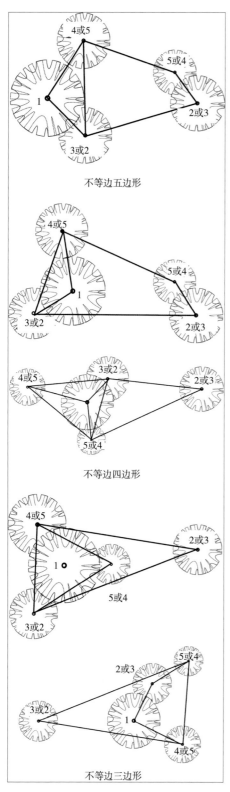

不等边五边形

不等边四边形

不等边三边形

图 1-3-13　五株丛植示意图（同种树）

小组其配置原则与三株丛植相同，2 株的小组与两株丛植相同，但是这 2 个小组必须各有动势。另一种分组方式为 4：1，其中单株树木不宜最大或最小，按大小排序最好是第二或第三，2 个小组距离不宜过远，动势上要有联系（图 1-3-13）。

5 株树由 2 个树种组成，宜一个树种为 3 株，另一个树种为 2 株，容易平衡，否则不宜协调。可有 3 种布置方式：当树丛按 4：1 分组时，3 株的树种分置于 2 个组中，2 株的树种置于同一组；若必须把 2 株的树种分置 2 个组，其中一株应布置在另一树种的包围之中；当树丛按 3：2 分组时，最大株要在 3 株的一组中，每组均为 2 个树种（图 1-3-14）。

5 株由 2 个树种组成，当树丛按 4：1 分为 2 个小组时，不可把 2 株的树种分配到 2 个组，否则易造成构图不紧密；当树丛按 3：2 分为 2 个小组时，不能 3 株的树种分在同一组，2 株的在另一组，否则会造成构图分割，无法统一。五株丛植忌用的形式如图 1-3-15 所示。

⑤**五株以上丛植**　树木的配置，株数越多就越复杂，但分析起来，孤植树是一个基本单位，两株丛植也是一个基本单位，3 株由 2 株和 1 株组成，4 株又由 3 株和 1 株组成，5 株则由 1 株和 4 株或 2 株和 3 株组成。理解了五株丛植的配置原理，则五株以上丛植可同理类推。例如，六株丛植可以按照 2 株和 4 株组合，七株丛植可以按照 3 株和 4 株或者 2 株和 5 株组合，八株丛植可以按照 3 株和 5 株组合，九株丛植可以按照 4 株和 5 株或者 3 株和 6 株组合。其关键是在调和中要有对比差异，差异中要调和，所以株数越少，树种越不能多用。在 10~15 株丛植时，外形相差太大的树种最好不要超过 5 种（图 1-3-16）。

（5）群植

由二三十株乃至数百株的乔、灌木成群配置称为群植，形成的群体称为树群。树群可由单一树种组成，也可由数个树种组成，因此可分为单纯树群和混交树群两种。单纯树群由一种树种构成。混交树群是树群的主要形式，分为5个部分，即乔木层、亚乔木层、大灌木层、小灌木层、多年生草本层，其中每一层都要显露出来，且其显露部分应该是观赏特征突出的部分。乔木层选用的树种，树冠的姿态要特别丰富，使整个树群的天际线富于变化。灌木层应以花木为主，草本植物层应以多年生宿根花卉为主，树群下的土面不能暴露。

树群所表现的主要为群体美，因此树群应该布置在有足够视距的开阔场地上，如靠近林缘的大草坪上、宽广的林中空地、水中的小岛上、水面宽广的水滨、小山的山坡上及土丘上等。树群主要立面的前方，至少在树群高度的4倍或树群宽度的1.5倍距离范围内要留出空地，以便游人欣赏。树群规模不宜太大，在构图上要四面空旷；组成树群的每株树木，在群体外貌的构成上都起到一定作用；树群的组合方式最好采用郁闭式。树群内通常不允许游人进入，不作为庇荫休息之用；但是树群的北面，树冠开展的林缘部分，可供庇荫休息之用。

树群由于株数较多，占地面积较大，在园林中也可作背景；两组树群还可起到框景的作用；此外，树群还有改善环境的作用。

根据环境和功能要求，群植株数有时可多达数百株，但应以一两种乔木树种为主体和基调树种，分布于树群各个部位，以取得和谐统一的整体效果。其他树种不宜过多，一般不超过10种，否则会显得凌乱和繁杂。在选用树种时，应考虑树群外貌的季相变化，使树群具有不同的季节景观特征。树群设计应当源于自然而高于自然，把客观的自然树群形象与设计者的感受结合起来，

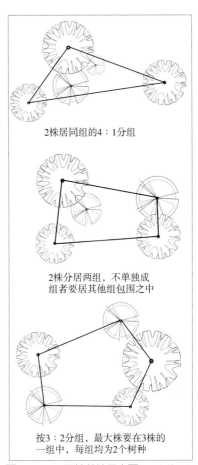

2株居同组的4 : 1分组

2株分居两组，不单独成组者要居其他组包围之中

按3 : 2分组，最大株要在3株的一组中，每组均为2个树种

图 1-3-14　五株丛植示意图（不同树种）

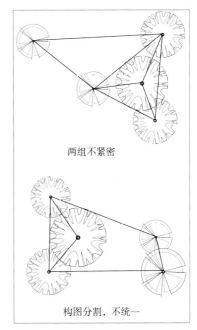

两组不紧密

构图分割，不统一

图 1-3-15　五株丛植忌用的形式

园林植物景观设计原则与配置形式

单元 3

051

图 1-3-16　五株以上丛植　　　　　图 1-3-17　杭州太子湾公园树群围合的草坪空间

抓住自然树群最本质的特征加以表现，求神似而非形似。

　　与丛植相比，群植更需要考虑树木的群体美，树群中各树种之间的搭配以及树木与环境的关系、对树种个体美的要求等方面没有丛植严格，因而树种选择的范围更广一些。由于树群的树木数量多，特别是对较大的树群来说，树木之间的相互影响、相互作用会变得突出，因此在树群的配置和营造中要十分注意各种树木的生态习性，创造满足其生长要求的生态条件。

　　树群在园林中的配置与树丛比较近似，在开朗宽阔的草坪和小山坡、滨水绿地上都可作主景。树群作主景时，稍耐阴的乔木层应该分布在中央，亚乔木在其周围，灌木、草花在外缘，这样不致互相遮掩，但其各个方向的断面不能像金字塔那样机械，树群的某些外缘可以配置一两个树丛及几株孤植树作为过渡和点缀。

　　当树群位于草坪边缘作为围合背景使用时，一般最外层的树群宜为高大挺立的常绿树，也可使用落叶树种；中层可选择叶色或花色艳丽的亚乔木，若外层选用落叶树种，则可增加一层常绿树，用以突出亚乔木的花叶色彩；草花和花灌木常作为树群的镶边材料（图 1-3-17）。

　　大多数园林树种均适合群植，如秋色叶树种枫香、元宝枫、黄连木、黄栌、槭属等，群植可形成优美的秋季景观。由于树群尤其是形成群落景观的大树群树种多样，树木数量较大，具有极高的观赏价值，同时对城市环境质量的改善有巨大的生态作用，因此是园林景观营造的常用方法。

（6）林植

　　凡成片、成块大量栽植乔、灌木构成林地和森林景观的，称为林植。这是将森林生态学、造林学的概念和技术措施按照园林的要求引入自然风景区、大面积公园或休闲疗养区及卫生防护林带建设中的配置方式。在配置时，除防护林带应以防护功能为主外，一般要特别注意群体的生态关系以及养护上的要求。在自然风景区中进行林植时，应以造风景林为主，注意林冠线的变化、疏林与密林的变化、林中树木的选择与搭配、群体内及群体与环境间的关系以及按照园林游览、休憩的要求留有一定面积的林间空地等。林植分为林带、密林和疏林 3 种形式。

①林带　既有规则式的，也有自然式的。一般为狭长带状，多用于路边、河滨、广场周围等的绿化。大型的林带如防护林、护岸林等可用于城市周围、河流沿岸等处，宽度随环境变化。

林带多选用 1~2 种高大乔木配合林下灌木组成。林带内郁闭度较高，树木成年后树冠应能交接。林带的树种选择根据环境和功能而定。工厂、城市周围的防护林带，应选择适应性强的种类，如刺槐、毛白杨、白榆等；河流沿岸的林带，则应选择喜湿润的种类，如水杉、池杉、落羽杉、水松等；而广场、路旁的林带，应选择遮阴性好、观赏价值高的种类，如梧桐、白桦、银杏等。

②密林　一般用于大型公园和风景区，郁闭度常为 0.7~1.0，阳光很少透入林下，土壤湿度很大，地被植物含水量高、组织柔软脆弱，不耐踩踏，容易弄脏游人衣物，不便游人活动。通常会在林下布置曲折的小径，可供游人散步，但一般不供游人进行大规模活动。很多公园和景区的密林都是利用原有的自然植被加以改造形成的（图 1-3-18）。

密林又有单纯密林和混交密林之分，在艺术效果上各有特点，前者简洁壮阔，后者华丽多彩，两者相互衬托，特点更突出。

单纯密林　是由一个树种组成的，没有垂直空间和季相的变化。为了弥补这一缺点，可以采用异龄树种造林，结合地形的起伏变化，同样可以使林冠发生变化。林区外缘还可以配置同一树种的树群、树丛和孤植树，增强林缘线的曲折变化。林下可配置一种或多种开花的耐阴或半耐阴草本花卉，以及低矮、开花繁茂的耐阴灌木。为了提高林下景观的艺术效果，水平郁闭度不可太大，最好为 0.7~0.8，以利于地下植被正常生长和增强可见度。

混交密林　是一个具有多层结构的植物群落，大乔木、小乔木、大灌木、小灌木、高草、低草各自根据自己的生态要求和彼此相互依存的条件，形成不同的层次，所以季相变化比较丰富。供游人欣赏的林缘部分，其垂直成层构图要十分突出，但不能全部塞满，以致影响游人欣赏林下

图 1-3-18　马尾松林

特有的幽邃深远之美。为了能使游人深入林地，密林内部可以有自然道路通过，但沿路两旁垂直郁闭度不可太大，使游人漫步其中有如回到大自然中。必要时，还可以留出面积大小不同的空旷草坪，利用林间溪流等水体种植水生花卉，再附设一些简单构筑物，以供游人短暂休息或躲避风雨之用。

③疏林　常用于大型公园的休息区。树林的郁闭度一般为0.4~0.6，常与草地相结合，故又称草地疏林。草地疏林是园林中应用最多的一种形式，不论是鸟语花香的春天、浓荫蔽日的夏天，或是晴空万里的秋天，游人总是喜欢在林间草地上休息、做游戏、看书、摄影、野餐、观景等，即使在白雪皑皑的严冬，草地疏林内仍然别具韵味。疏林中的树种应具有较高的观赏价值，树冠应开展，树荫要疏朗，生长要健壮，花和叶的色彩要丰富，树枝线条要有断有续、错落有致，以使构图生动活泼。林下草坪应该含水量少，组织坚韧、耐践踏，不污染游人衣服，最好冬季不枯黄。尽可能让游人在草坪上活动，所以一般不修建园路。

疏林还可以与广场相结合形成广场疏林，多设置于游人活动和休憩使用频繁的环境。树种选择同草地疏林，只是林下做硬地铺装，树木种植于树池中。选择树种时还要考虑具有较高的分枝点，以利于人们活动，并能适应因铺地造成的不良通气条件。

（7）植篱

篱是篱笆、树篱、绿篱的统称。植篱是用乔、灌木密植成行形成的篱垣。植篱除了具有范围界定、围护、屏障的功能外，还具有防风、防尘、降噪、防眩光、防火等生态防护功能；规则式园林常用植篱障景和分隔功能不同的园林空间（图1-3-19），也可通过植篱的构建，将游人视线引向焦点景观（图1-3-20）；在西方古典园林中，常用欧洲紫杉和月桂、黄杨、日本珊瑚树等耐修剪的常绿树，修剪成各式绿墙作为舞台、花坛、花境、雕像的背景，以纯色突显前景之美。

根据植物类型，可以将植篱划分为以下几类：

常绿植篱　由常绿植物构成的植篱，常用植物有圆柏属、侧柏属、日本珊瑚树、大叶黄杨、黄杨、石楠等。

图1-3-19　植篱分隔的静谧空间

图1-3-20　植篱引导视线

落叶植篱　由落叶植物构成的植篱，常用植物有小叶女贞、紫穗槐、红瑞木等。

根据观赏特性，可以将植篱划分为以下几类：

观花植篱　是以花为主要观赏对象的植篱，可选用花形或花色美观的花木，如绣线菊属、六月雪、杜鹃花、贴梗海棠、火棘、金叶大花六道木、龙船花等。

观叶植篱　除以绿色为主色调的植篱外，彩叶植物组成的植篱也具有很高的观赏价值。常用彩叶植物有紫叶小檗、红花檵木、金叶女贞、金森女贞、小丑火棘、金叶假连翘、金叶大花六道木、火焰南天竹等。

观果植篱　以果实为主要观赏对象的植篱。常用的植物有火棘、枸骨、南天竹等。

刺篱　由带刺植物构成的植篱。常用的植物有圆柏属、刺柏属、枸骨、枸橘、小檗属、阔叶十大功劳、贴梗海棠、椤木石楠等。

2）藤蔓类、竹类景观配置形式

（1）藤蔓类配置形式

能缠绕支持物或者依靠卷须等攀缘器官攀附支持物向上生长的植物称为藤蔓植物；在自然状态下呈匍匐状生长，茎干细软易弯曲悬垂的植物，也具有一定的蔓性。藤蔓植物是园林植物中重要的一类，它们攀缘悬垂的习性和观赏特性各异，在园林造景中有着特殊的用途，棚架、花格、篱垣、栏杆、山石、花亭、花廊和垂花门等均由这类植物布置而成，蔷薇架、紫藤廊等都是古典园林常见的造景形式。假山置石、水体驳岸边栽植藤蔓植物可以起到柔化硬质线条的作用，在古典与现代园林中皆为常见的造景手法。

①附壁式造景　吸附类的藤蔓植物不需要任何支架，可通过吸盘或气生根固定在垂直面上。因而，围墙、楼房等的垂直立面，可以用吸附类的藤蔓植物进行绿化，从而形成绿色或五彩的挂毯。附壁式造景可用于各种墙面、断崖悬壁、挡土墙、大块裸岩、桥梁等的绿化（图1-3-21）。

在植物材料选择上，应注意植物材料与被绿化物的色彩、形态、质感的协调。粗糙表面如砖墙、石头墙、水泥混砂抹面等可选择枝叶较粗大的种类，如地锦属（图1-3-22）、常春藤等；而表面光滑、细密的墙面如马赛克贴面，则宜选用枝叶细小、吸附能力强的种类，如络石、薜荔、扶芳藤等。

②篱垣式造景　主要用于篱架、栏杆、铁丝网、栅栏、矮墙、花格的绿化，这类设施在园林中最基本的用途是防护或分隔，也可单独使用，构成景观。

竹篱、铁丝网、围栏、小型栏杆的绿化以茎柔叶小的种类为宜，如木防己、千金藤、金线吊乌龟、牵牛花、月光花、茑萝、木香、倒地铃、海金沙等（图1-3-23）。

在庭院和居民区，应充分考虑藤蔓植物的经济价值，尽量选择可供食用或药用的种类，如金银花、绞股蓝、丝瓜、苦瓜、扁豆、豌豆等。

在公园中，利用富有乡村特色的竹竿等材料，编制各式篱架或围栏，配以红花菜豆、香豌豆、刀豆、落葵、蝶豆、相思子等，结合葡萄棚架、茅舍，可以形成朴拙的村舍风光，别有一番乡野田园的情趣。

③**棚架式造景**　是园林中应用最广泛的藤蔓植物造景方式，也称花架。按立面形

图1-3-21　凌霄吸附墙面　　　　　　　　图1-3-22　地锦攀附墙面

a. 茑萝　　　　　　　　　　　　　　b. 重瓣黄木香

图1-3-23　攀缘植物在围栏上的应用

图1-3-24　普通廊式棚架　　　图1-3-25　古典园林中紫藤所营造的"花廊桥"

式，棚架可分为两面设立柱的普通廊式棚架（图1-3-24）、两面为柱中间设墙的复式棚架、中间设柱的梁架式棚架、一面为柱另一面为墙的半棚架，以及各种特殊造型的棚架，如花瓶状棚架、伞亭状棚架、蘑菇状棚架等。按材料不同，有竹木结构、绳索结构、钢筋混凝土结构、砖石结构、金属结构和混杂结构等。

棚架式造景装饰性和实用性均强，既可作为园林小品独立形成景观或点缀园景，又具有遮阴和休闲功能，供人们休息、消暑，有时还具有分隔空间的作用。一般而言，卷须类和缠绕类藤蔓植物最宜供棚架造景使用，如紫藤（图1-3-25）、中华猕猴桃、葡萄、木通、五味子、菝葜、马兜铃、常春藤、炮仗花、西番莲、鸡蛋果等都是适宜的材料。

④**立柱式造景**　随着城市建设进程的加快，各种立柱如电线杆、立交桥立柱不断增加，它们的绿化也成为垂直绿化的重要内容之一。从一般意义上讲，吸附类的藤蔓植物最适于立柱式造景，不少缠绕类植物也可应用。高架路立柱的绿化主要选用地锦、常春藤等。此外，还可用木通、南蛇藤、络石、金银花、蝙蝠葛、扶芳藤等耐阴种类。电线杆及灯柱的绿化可选用凌霄、络石、西番莲等观赏价值高的种类。

⑤**假山置石造景**　假山置石源于自然，应反映自然山石、植被的状况，以增添自然情趣。关于假山置石的绿化，古人有"山借树而为衣，树借山而为骨，树不可繁，要见山之秀丽"的说法。利用藤蔓植物点缀假山置石，一般情况下植物不宜太多，应当让山石最优美的部分充分显露出来，并注意植物与山石纹理、色彩的对比和统一。植物种类选择依假山类型而定，一般以吸附类和枝叶柔软的悬垂类藤蔓植物为主。若要表现假山植被茂盛的状况，可选择枝叶茂密的种类，如地锦、凌霄、炮仗花、络石、薜荔，或是枝条柔软下垂具有一定蔓性的灌木，如迎春花、云南黄馨、探春花等，并配合其他花草树木造景（图1-3-26）。

⑥**石质驳岸造景**　园林水体的石质驳岸也适合用藤蔓植物点缀，可与荷花、睡莲

等水生植物一起组成丰富的滨水景观。驳岸一般有自然式和规则式两种。自然式驳岸的岸壁自然曲折；规则式驳岸是以石料、砖、混凝土等砌筑而成的整形式岸壁，线条生硬。二者都可以使用藤蔓植物吸附在驳岸上造景，也适合使用枝条柔软的悬垂类植物悬于岸边，以其伸出岸壁的柔和线条打破硬质驳岸的呆板、僵硬，使画面生动、流畅（图1-3-27）。

图1-3-26　云南黄馨在置石上的造景

a. 自然式驳岸植物造景

b. 规则式驳岸植物造景

图1-3-27　驳岸植物造景

（2）竹类配置形式

竹是传统观赏植物之一。竹姿态万千，有的高耸挺拔，有的低矮似草，有的簇团紧抱，有的疏朗散布。竹类常用的造景方式有丛植和群植、与其他元素搭配种植。

①丛植和群植　利用大中型观赏竹丛植、群植等营造成片的竹林，是观赏竹类一种重要的应用形式，多见于专类竹园、风景区、公园及居住区中。

竹林景观除了可以使游人置身其中感受竹子的形态与竹叶的摩擦声，还可在竹林之外从整体上进行感受。例如，登高远看竹林景观，如同看海一般，无风的时候，竹林一片平静；当风吹过，竹林荡起层层"浪花"，并伴随着"沙沙"之声。大片种植的竹林也常常作为建筑背景，以其柔和的边缘界线烘托出建筑的高大伟岸。在竹林中既可设置幽篁夹道、绿竹成荫的小径，使游人在动观中感受到深邃、优美的意境（图1-3-28），又可建造富于野趣的茅屋草亭，使游人在静观中沉思、体会。竹林也可以与草坪结合，形成竹林草坪，营造清静幽深的园林植物空间；还可以与其他花木搭配，如栽三五株桃树于竹林外，体现"竹外桃花三两枝"的诗意，或栽一些松、梅以表现"岁寒三友"，体现文化内涵。

竹种可用散生竹，也可用丛生竹，一般以散生竹居多，如毛竹、淡竹、桂竹、

图1-3-28 竹林小道

a. 与廊搭配

b. 与院墙搭配

图1-3-29 竹与建筑搭配

刚竹、茶竿竹、花毛竹、绿竹、青皮竹、早园竹、慈竹、麻竹、龙竹等。需要注意的是确定合理的种植密度，若密度过大，会导致竹子新鞭无法正常生长，也无处长笋。

　　②与其他元素搭配种植　竹与建筑（包括建筑群与亭、榭、轩、舫、楼、阁、廊等单体建筑）、山石、水体以及其他植物配景，不仅起到调和色彩的作用，而且衬托出建筑的秀丽，使以硬质材料构成的规则物体表现为自然形态和优美的质感，产生诗情画意的美感（图1-3-29）。

　　竹与其他元素的配置不拘一格，灵活多样。如宅竹，"绕屋扶疏耸翠茎，苔滋粉漾有幽情"；庭竹，"知道雪霜终不变，永留寒色在庭前"；院竹，"月送绿荫斜上砌，露凝寒色湿遮汀"；窗竹，"始怜幽竹山窗下，不改清荫待我归"；池竹，"一丛婵娟色，四面轻波冷"；石竹，"一块峰峦耸太行，两枝修竹画潇洒"；盆竹，"巷雪洒禅榻，细香浮酒樽"。竹子作为配景，与其他造园要素配置时要相互因借，扬长避短，做到"虽由人作，宛自天开"。

3）花卉景观配置形式

　　花卉是园林植物景观设计的基本素材之一，具有品种繁多、色彩艳丽、生产周期短、更换容易、花期容易调控等特点，在园林中应用十分广泛。花卉在园林中的配置形式主要有花坛、花境、花台、花池与花丛等。

（1）花坛

　　花坛是在一定几何轮廓的种植床内种植各种不同色彩的观花、观叶与观果植物，从而构成一幅幅色彩鲜艳或纹样华丽的装饰图案以供观赏。花坛多布置在城市道路口、广场、公园、景区、公共绿地、居住区入口等视线集中处，在城市绿化中起着画龙点睛的作用。花坛主要体现的是花卉群体的色彩美，以及由花卉群体所构成的图案美，能美化和装饰环境，增加节日的欢乐气氛，同时还有标志宣传和组织交通等作用。

①花坛的分类　根据形状、组合以及观赏特性不同，花坛可分为多种类型，在景观空间构图中作为主景、配景或对景。根据外形轮廓，可分为规则式花坛、自然式花坛和混合式花坛；按照种植方式和花材观赏特性，可分为盛花花坛、模纹花坛；按照设计布局和组合方式，可分为独立花坛、带状花坛和花坛群等；根据空间位置，可分为平面花坛、斜面花坛、立体花坛；从植物景观设计的角度，一般按照花坛坛面花纹图案分类，分为盛花花坛、模纹花坛、造型花坛、造景花坛等。

盛花花坛　主要是由观花草本花卉组成，表现花盛开时群体的色彩美。这种花坛在布置时不要求花卉种类繁多，而要求图案简洁鲜明，对比性强。常用植物有一串红、鸡冠花、三色堇、美女樱、万寿菊等。独立的盛花花坛可作主景应用，设立于广场中心、建筑物正前方、公园入口处等（图1-3-30）。

模纹花坛　主要由低矮的观叶植物和观花植物组成，表现植物群体组成的图案美。包括毛毡花坛、浮雕花坛和时钟花坛等形式。毛毡花坛由各种植物组成一定的装饰图案，表面被修剪得十分平整，整个花坛好像一块华丽的地毯；浮雕花坛则是根据图案的要求，将植物修剪成凸出或凹陷的式样，整体具有浮雕的效果；时钟花坛图案是时钟纹样，上面装有可转动的时针（图1-3-31）。模纹花坛常用的植物有五色草、四季海棠、彩叶草等。模纹花坛可作为主景应用于广场中心、街道旁、建筑物前，以及会场、公园、住宅小区的入口处等。

造型花坛　又称为立体花坛，是将花卉栽植在各种立体造型物上而形成竖向造型景观的花坛。造型花坛可根据创意来创造不同的立体形象，如动物（孔雀、熊猫等）、人物（孙悟空、唐僧等）或实物（花篮、花瓶、花球等），并由骨架和各种植物材料组装而成（图1-3-32）。一般造型花坛用钢筋制成骨架，在骨架上再铺设培养土。造型花坛可作为视觉中心，设在游人视线的焦点处，如建筑物前。

造景花坛　是以自然景观作为花坛的构图中心，通过骨架、植物材料和其他设备组装成山、水、亭、桥等小型山水园或农家小院等景观的花坛。造景花坛通常与园林其他要素相结合，表达一定的内容主题。造景花坛最早应用于天安门广场的国庆花坛

图1-3-30　盛花花坛

图1-3-31　时钟花坛

图1-3-32　双龙戏珠造型花坛　　　　图1-3-33　江南花卉艺术展览会的造景花坛

布置，主要为了突出节日气氛，展现祖国的大好河山；目前经常应用于临时造景，如重大节日期间城市街道及公园等处临时搭建的造景花坛，或是各种展览中布置的临时景观等（图1-3-33）。

②花坛的设计原则

以花为主，注重观赏特性　花卉是构成花坛的主体材料，花坛植物的选择因花坛类型和观赏特点而异。一般花期要一致，花的高度要统一，色彩要随着季节的变化而变化，要与周围环境协调一致，才可能相得益彰。

功能原则，合理组织空间　花坛除观赏和美化环境的作用外，也常兼有组织交通、分割空间的作用，尤其是交通环岛花坛、道路分车带花坛、广场出入口花坛等，必须考虑车流量和人流量，不能造成遮挡视线、影响分流、阻碍交通等问题。

立意在先，遵循艺术规律　花坛设计和陈设是一项艺术活动，只有遵循相关的艺术规律才能设计出美丽的花坛。

养护管理考虑降低成本　与其他花卉应用形式相比，花坛需要较精细的维护管理，因此，设计花坛时，应本着尽量降低养护管理费用的原则，宜繁则繁，该简则简。

重视色彩运用　根据不同季节、用途和需求进行花坛色彩设计，花坛的色彩还要与周围的主要建筑物等相协调，相互衬托。节庆花坛其色彩应呈现出热烈、喜悦的气氛。按照中国传统的习惯，花坛材料应以红色系、黄色系等暖色调的花卉为主。红色在花坛中起主色调的作用，它使人感到温暖，给人以启迪和力量。黄色是亮丽的色彩，它象征着辉煌，给人憧憬未来、积极向上的感受。

与时俱进，不断创新　花坛艺术与其他艺术一样，在不断发展之中。特别是近年来新植物材料及非生物绿化、美化材料的增多，微型喷灌、滴灌技术的不断完善，现代声、光、电技术及水体在花坛中的应用，使花坛艺术如虎添翼，花坛的高度、形态、色彩、规模、应用范围都发生了巨大的变化。例如，光、电技术的应用使花坛成为城市夜景的亮点，大面积和连续不断的花坛夜景，大幅提高了城市的绿化和美化效果。

（2）花境

花境是以宿根和球根花卉为主，结合一、二年生草花和花灌木，模拟自然界林地边缘地带多种野生花卉交错生长状态的一种园林植物景观。花境源自欧洲，是从规则式构图到自然式构图的一种过渡和半自然式的带状种植形式。它既表现了植物个体的自然美，又展现了植物自然组合的群落美。一次种植可多年使用，不需经常更换苗木，能较长时间保持其群体自然景观，具有较好的群落稳定性，且色彩丰富，四季有景。

花境可设置在公园、风景区、街心绿地、家庭花园、林荫路旁等，也极适合用于园林建筑、道路等人工构筑物与自然环境之间，起到由人工到自然的过渡作用，软化建筑的硬线条。同时，花境丰富的色彩和季相变化可以活化单调的绿篱、绿墙及大面积草坪景观，起到很好的美化装饰效果。

①花境的特点　花境与其他花卉应用形式的区别特征为：花境的种植床多是带状的，种植床两边的边缘线是连续不断的平行直线或曲线；花境的种植材料以多年生花卉为主，一次栽植，多年观赏，养护管理较简单；花境种植床的边缘可以有边缘石，也可以没有边缘石，但通常要求有低矮的镶边植物；花境内部的植物配置是自然式斑块混交，立面上高低错落有致，基本构成单位是花丛，每丛内同种花卉的植株集中栽植，不同种的花丛斑块混交；内部植物配置要有季相变化，每季至少有 3 种花为基调，形成鲜明的季相景观。

②花境的类型　花境根据设计形式、植物应用，可分为不同类型。

A. 根据设计形式，花境可分为单面观赏花境、双面观赏花境和对应式花境 3 类。

单面观赏花境　是传统的花境形式，多邻近道路设置，常以建筑物、景墙、树丛、绿篱等为背景，前面为低矮的边缘植物，整体上前低后高，供一面观赏（图 1-3-34）。

双面观赏花境　没有背景，多设置在草坪上或树丛间及道路中央。植物种植是中间高、两侧低，供双面观赏（图 1-3-35）。

对应式花境　是在园路两侧、草坪中央或建筑物周围设置相对应的两个花境，这两个花境呈左右两列式，在设计上统一考虑，作为一组景观，多采用拟对称的手法，以求形成节奏和变化（图 1-3-36）。

B. 根据植物应用，花境可分为草花花境、灌木花境、混合花境、专类花卉花境 4 类。

草花花境　所用的植物材料全部为草花，包括一、二年生花卉和宿根花卉、球根花卉，以及各种观赏草（图 1-3-37）。其中，最为常见的是宿根花卉组成的花境。在气候寒冷的地区，为了延长花境的观赏期，也常在以多年生花卉为主的花境中补充配置一、二年生花卉。

图 1-3-34　景墙前的单面观赏花境

灌木花境　应用的观赏植物为灌木，以观花、观叶或观果的体量较小的灌木为主，如迎春花、月季、红花檵木、紫叶小檗、花叶杞柳、洒金东瀛珊瑚、榆叶梅、金银木、龟甲冬青、杜鹃花、石楠等（图1-3-38）。

混合花境　以耐寒宿根花卉为主，配置少量的花灌木、球根花卉或一、二年生花卉。这种花境季相分明，色彩丰富，多见应用（图1-3-39）。

专类花卉花境　以同一属不同种类或同一种的不同品种植物为主要种植材料，表现该类植物丰富的株形、花色、叶色等观赏特征，要求花期、株形、花色等有较丰富的变化，如鸢尾类花境、郁金香类花境（图1-3-40）、菊类花境、百合类花境等。

图1-3-35　草坪上的双面观赏花境

图1-3-36　道路两侧的对应式花境

图1-3-37　草花花境

图1-3-38　灌木花境

图1-3-39　混合花境

图1-3-40　郁金香类花境

园林植物景观设计原则与配置形式

（3）花台

花台是在高于地面的空心台座中填土（或人工基质）并栽植观赏植物。花台面积较小，适合近距离观赏，以植物的形态、花色、芳香及花台造型等为观赏要素。

花台根据其形式可分为规则式花台和自然式花台两种。

①**规则式花台** 种植台座外形轮廓为规则几何形状，如圆柱形，常用于规则式绿地的小型活动休憩广场、建筑物前、建筑墙基和墙面、围墙墙头等处。用于建筑墙基时多为长条形（图1-3-41）。

②**自然式花台** 其外形轮廓为不规则的自然形状，多采用自然山石堆砌而成。我国古典庭院中的花台大多数为自然式花台。台座材料有湖石、黄石、英石等，常与假山、墙脚、自然式水池等相结合，也可单独设置于庭院中（图1-3-42）。

（4）花池与花丛

①**花池** 是在低于地面的空间填土（或人工基质），利用草皮、花卉等组成的具有一定图案纹样的地块。根据内部组成不同，又可分为草坪花池、花卉花池、综合花池3类。

草坪花池 是在一块修剪整齐而均匀的草地边缘，通过配置花钵、雕像、装饰花栏等形成。适合布置在楼房、建筑平台前沿，具有布置简单、色彩素雅的特点。

花卉花池 在花池中既种草，又种花，并利用它们组成各种花纹或动物造型图案。花池中的植物要常修剪，保持4~8cm的高度，形成一个密实的覆盖层。适合布置在街心花园、小游园和道路两侧。

综合花池 池中既有毛毡图案，又在中央部位种植单色调的低矮一、二年生花卉。如把花色鲜艳的紫罗兰或小天蓝绣球、常夏石竹等种在花池毛毡图案中央，鲜花盛开时就可以充分显示其特色。也可在图案中央适当点缀花木或花丛。

图1-3-41 建筑物前的规则式花台

图1-3-42 古典园林中山石砌筑的自然式花台

②花丛　是指根据花卉植株高矮及冠幅大小的不同,将数目不等的植株组合成丛配置于阶旁、墙下、路旁、林下、草地、岩隙、水畔的自然式花卉种植形式。花丛重在表现植物开花时华丽的色彩或彩叶植物美丽的叶色。

花丛既是花卉自然式配置最基本的单位,也是花卉应用最广泛的形式。花丛可大可小,小者为丛,大者集丛成群,大小组合,聚散相宜,位置灵活,极富自然之趣。因此,最宜布置于自然式园林中,也可点缀于建筑周围或广场一角,对过于生硬的线条和规整的人工环境起到软化和调和的作用。

花丛的植物材料以适应性强、栽培管理简单且能露地越冬的宿根和球根花卉为主,既可观花,也可观叶或花叶兼备,如芍药、玉簪、萱草、鸢尾、百合等。栽培管理简单的一、二年生花卉也可应用。

花丛从平面轮廓到立面构图都是自然式的,边缘不使用镶边植物,与周围草地、树木等没有明显的界线,常呈现一种错综自然的状态。园林中,根据环境尺度和周围景观,既可以单种植物构成大小不等、聚散有致的花丛,也可以两种或两种以上花卉组合成丛。但花丛内的花卉种类不能太多,要有主次;各种花卉混植时,不同种类应高低有别、疏密有致,富有层次。花丛设计应避免两点:一是花丛大小相等,等距排列,显得单调;二是种类太多,配置无序,显得杂乱无章。

4) 草坪与地被植物景观配置形式

(1) 草坪

作为城市绿地软质景观的本底,草坪对改善城市生态环境,特别是绿化、美化城市有重要的作用。草坪具有独特的开阔性和空间性,在绿地规划中,不但可以单独作主景,而且能与山石、水体、园林建筑、乔木、灌木、草花及其他地被植物等密切结合,组成各种不同类型、具有不同艺术风格的景观,给人们提供美的感受。因此,草坪在绿地规划布局中占有重要地位。

①草坪的含义及分类　草坪是指将矮小的草本植物进行密植并进行修剪的人工草地。一般布置在广场、路边、空地及建筑周围,供观赏、游憩之用。

草坪按照用途可以分为游憩性草坪、观赏性草坪、运动草坪、环境保护草坪、其他草坪等。

游憩性草坪　指供人们游憩的草坪,常见于公园、住宅区、广场和疗养院等。游憩性草坪允许行人进入,近距离接触草坪能够缓解人们精神上的疲劳。这类草坪应具有耐践踏、无危害、软硬适中的特点(图1-3-43)。

观赏性草坪　一般不开放,不能入内休息、游玩,独立造景或用来与其他环境要素配合形成优美的空间环境。多选用颜色艳丽且较为均一、生长期长、耐热、抗寒的

图 1-3-43　游憩性草坪　　　　　　　　　　图 1-3-44　观赏性草坪

草坪草种（图 1-3-44）。

运动草坪　指专供进行竞技和体育活动的草坪，如进行足球、曲棍球、马球、高尔夫球、橄榄球、垒球运动的草坪，以及供儿童活动的草坪等。这种类型草坪的主要特征是采用的草种以耐践踏的草种为主，还要具有较强的再生能力、耐磨性、耐修剪性。

环境保护草坪　主要用于固土护坡，覆盖地面不让土壤裸露，从而达到保护生态环境的作用的草坪。

其他草坪　除上述几种草坪类型外，近年来还出现了屋顶草坪、垂直绿化草坪等新的草坪形式。如用于屋顶绿化的佛甲草草坪，可使室内温度比裸露屋顶平均低5~8℃；又如铺设于建筑墙面、高架桥等城市立面的草坪，在美化生活环境的同时，也起到了增加绿化面积、提高生态环境质量的作用。此外，在一些特殊场所应用的草坪，如停车场草坪、人行道草坪，也是常见的草坪形式。

②草坪的配置原则

变化与统一　草坪能开阔人的心胸，陶冶人的情操，但大面积的空旷草坪也容易使景观显得单调乏味。因此，园林中的草坪应在布局形式、草种组成等方面有所不同，不宜千篇一律。可以利用草坪的形状、起伏变化、色彩对比等丰富单调的景观。如在绿色的草坪背景上点缀一些花卉或通过一些灌木等构成各种图案，产生较好的美学效果。当然，这种变化还必须因地制宜，因景而异，做到与周围环境的和谐统一。

草种选择适用、适地、适景　园林草坪最主要的作用是满足游憩和体育活动的需要，因而应选择耐践踏性强的草种，即适用；不同草坪草种所能适应的气候和土壤条件不同，因此必须依据种植地的气候和土壤条件选择适宜在当地种植的草坪草种，即适地；此外，园林中草坪草种的选择还要考虑到园林景观的要求，如季相变化、叶姿、叶色与质感等方面的要求，即适景。

③草坪植物的选择　要从外观形态和生态质量上进行考虑。在外观形态上，应注意选择茎叶密集、色泽一致、整齐美观、杂草少并具有一定弹性的草种。在生态质量

上，需考虑抗寒性强、抗干旱、抗病虫害能力强、耐践踏、再生力和侵占能力强、耐修剪、强剪后能迅速复苏的草种。《国务院办公厅关于科学绿化的指导意见》中明确指出，根据自然地理气候条件、植物生长发育规律、生活生产生态需要，合理选择绿化草种。江河两岸、湖库周边要优先选用抗逆性强、根系发达、固土能力强、防护性能好的草种；干旱缺水、风沙严重地区要优先选用耐干旱、耐瘠薄、抗风沙的草种；海岸带要优先选用耐盐碱、耐水湿草种；水土流失严重地区要优先选用根系发达、固土保水能力强的草种；居住区周边兼顾群众健康因素，避免选用容易导致人体过敏的草种。

此外，草坪草种类、品种的选择还要考虑下述条件及标准：一是灌溉设备的有无及其水平；二是建坪的成本；三是草坪的管理费用；四是草坪的品质、观赏价值及其实际利用情况；五是草坪草的繁殖能力及抗修剪强度等。

对于封闭型的草坪绿地，可选择叶姿优美、绿期长的草坪草种，如北方多选择草地早熟禾，南方多选择细叶结缕草。开放型的草坪绿地，游人可进入其中散步、休息、进行各种娱乐活动等，则要选择耐践踏的草坪草种，北方可选择日本结缕草、高羊茅等，南方可选择狗牙根、沟叶结缕草等。疏林草坪需选择耐阴性强的草坪草种，如北方可选择日本结缕草、紫羊茅等，南方可选择沟叶结缕草、细叶结缕草等。

④草坪坡度的设计 建植草坪时需要充分考虑草坪的坡度，以适应水土保持、排水、造型等方面的要求。任何类型的草坪，其地面坡度一般为30°左右，超过此坡度的地形，一般应采用工程措施加以保护。一般园林草坪铺设角度在土壤的自然倾斜角以下和必需的排水坡度以上。草坪最小允许坡度，应从地面的排水要求来考虑。普通的游憩草坪，其最小排水坡度不低于0.5%，并且不宜有起伏交替的地形，以便于排水，必要时可埋设盲沟。在考虑功能的前提下，对草坪的观赏性也应该统一考虑，使草坪与周围景物统一起来。

⑤草坪边缘的处理 草坪边缘不仅是草坪的界线标志，同时也是一种装饰。自然式草坪由于其边缘是自然曲折的，边缘的乔木、灌木或草花也应是自然式配置的，既要曲折有致，又要疏密相间，高低错落。草坪与园路最好自然相接，避免使用水泥镶边或用金属栅栏等把草坪与园路截然分开。草坪边缘较通直时，可在离边缘不等距处点缀山石或利用草花镶边，使草坪边缘在色彩和形式上富于变化，避免平直与呆板（图1-3-45）。

⑥草坪植物配置

A. 草坪主景的植物配置：园林中的主要草坪尤其是自然式草坪一般都有主景。具有特色的孤赏树或树丛常作为草坪的主景配置在自然式园林中。当孤赏树作主景时，孤赏树多配置在草坪的显著位置，可以是几何中心，也可以是视觉中心；在地形起伏的草坪上，孤赏树常配置在地势的最高处；孤赏树附近应避免有与之体量相似、颜色

图 1-3-45　规则式草坪的植物镶边　　　　　　　图 1-3-46　隔离树丛的配置

相近的树种而造成主景不够突出。有些树种如水杉、圆柏、杨树等，单株观赏时树体较为单薄，孤植作主景时体量欠丰满，而丛植更能体现其观赏特性，则可以自然配置的树丛作草坪主景；为防止主景杂乱无章，主景树丛一般只选一个树种，几株丛植，各株间距要有所不同，体量也要有一定的差异，使树丛疏密有致，统一而不呆板。

B. 草坪其他植物材料配置：

隔离树丛的配置　需要将草坪划分为不同的空间时，常用树丛来隔离。树种的选择、树丛的疏密要根据造景的需要而定。为了保持 2 个或多个空间的联系，使功能不同的空间统一于以草坪为底色的环境中，隔离树丛要留出透景线，可以配置疏散栽植的高干乔木、低矮的灌木或草花。为了绝对隔离或隐蔽的需要，要配置结构紧密的隔离树丛，这样的树丛犹如一堵绿墙，多用在服务性或低矮的建筑物前，起遮挡游人视线的作用。树种应选择分枝点低的乔木，枝叶发达浓密、枝条开张度小的灌木，或乔、灌木混合栽植。为了创造优美的植物景观，树丛既要具有一定的厚度，又要具有丰富的林冠线和林缘线（图 1-3-46）。

成林式树丛的配置　在地形起伏的草坪上，最易创造自然山林的意境。草坪上自由种植一片单一的、树冠高耸的高大乔木，既能增强树林的气息，又能体现草坪的开阔与宽广。树下散置石块，以代桌凳，利用石块与大树的高低对比，更能增加山林的趣味，从而使游人更深刻地领略到自然山林的野趣（图 1-3-47）。

庭荫树的配置　炎热的夏季，绿毯似的草坪会给游人带来更多的凉意，人们普遍喜爱在草坪上休息。因此，草坪上的庭荫树是不可缺少的。庭荫树要求树冠庞大、枝叶浓密，枝下高 25~35m。由于树形与庇荫效果关系较大，对其树形也有一定的要求。伞形、圆球形的树冠庇荫效果较好，圆柱形、圆锥形树冠只可利用侧方庇荫，一般较少用作庭荫树。从庭荫树的配置看，孤立的大庭荫树宜设于周围比较空旷的地方。在

图1-3-47　成林式树丛的配置　　　　　　　图1-3-48　庭荫树的配置

其庇荫范围之内，最好少配置灌木与草花（图1-3-48）。

（2）地被植物

①地被植物的应用特点

种类丰富，观赏性状多样　应用不同的地被植物，既可以形成终年常绿的地被景观，也可以形成终年观叶胜似观花的花叶及彩叶地被景观，更有观花类植物形成的五彩斑斓的地被景观。利用地被植物本身的株高、分枝方向、叶片大小、质感等不同，也可以营造不同的景观效果。如枝叶细腻的地被植物可以用在流线型的带状植床以营造柔和的景观效果，枝叶粗糙的地被植物可以营造质朴的景观效果；枝条横向伸展的灌木地被可用在陡坡上；色彩明亮、质地细腻的地被植物可以增加局部空间的亮度，使人精神振奋；相反，蓝色、绿色或灰色的地被植物可以营造宁静的气氛，使人安静、祥和。

具有丰富的季相变化　园林地被植物除了常绿针叶类及蕨类等纯粹观叶的种类之外，大部分多年生草本及灌木和藤本地被植物均有明显的季相变化，有的春华秋实，有的夏季苍翠，有的霜叶如花，变化万千，美不胜收。

可以烘托和强调园林中的主要景点　园林中的主要景点只有在强烈的透视线的引导下，或在相对单纯的背景的衬托下才会更为醒目并自然成为视觉中心，后者常通过地被植物的运用达到。

可使景观中不相协调的元素协调起来　在垂直方向与水平方向上延伸的景观元素、质感及色彩不相协调的景观元素等，都可以通过同一种地被植物的过渡而很好地协调。如生硬的河岸线、笔直的道路、建筑的台阶和楼梯、庭园中的道路等可以在地被植物的衬托下显得柔和而变成协调的整体。地被植物作为基础栽植，不仅可以避免建筑顶部排水造成基部土壤流失，而且可以装饰建筑的立面，掩饰建筑的基础。对园林中的其他硬质景观如雕塑基座、灯柱、座椅、山石等也可以达到类似的景观效果。

与草坪相比，地被植物具有更为显著的环境效益，而且养护管理简单，宜大力发展。

②地被植物的类别　根据所处的园林环境及设计要求的景观效果等，地被植物有多

种划分方式。此处按照地被植物的生态学习性、观赏特点和生物学特性做如下类别划分。

A. 按生态学习性划分：

根据植物对光照强度的要求，主要分为以下 3 种类型：

喜光地被植物　是指能够在全光照条件下生长良好，在遮阴处茎细柔弱、节伸长、开花减少的地被植物，如射干、石竹属、松果菊、美丽月见草、大花马齿苋（图 1-3-49）等。

耐阴地被植物　是指要在遮阴处或弱光条件下才能生长良好的一类地被植物。在全光照条件下生长不良，表现为叶片变小、叶色发黄、叶边枯萎，严重时甚至全株枯死，如银莲花、虎耳草、万年青、吉祥草、大吴风草、黄精、玉簪（图 1-3-50）、麦冬、八角金盘、络石等。

半耐阴地被植物　此类地被植物既喜欢阳光充足，也有一定的耐阴能力，如杜鹃花、常春藤、蔓长春花、波斯菊（图 1-3-51）等。

根据植物对水分需求量的大小，主要分为以下类型：

耐湿地被植物　是指喜欢在湿润的环境中生长的地被植物，如金钱蒲、鱼腥草、溪荪、花菖蒲、黄菖蒲等。

耐旱地被植物　是指能够生长在比较干旱、干燥的环境中，且生长良好的地被植物，如丛生福禄考、宿根福禄考、圆叶景天、佛甲草、百日草（图 1-3-52）等。

B. 按观赏特点划分：

观叶地被植物　是指以观赏叶片为主，叶形奇特、叶色美丽、观叶期较长的地被

图 1-3-49　大花马齿苋

图 1-3-50　玉簪

图 1-3-51　波斯菊

图 1-3-52　百日草

图 1-3-53　冰岛虞美人　　　　　　　　　　　图 1-3-54　硫华菊

植物，如麦冬、金边阔叶麦冬、花叶鱼腥草、花叶玉簪、山菅兰等。

观花地被植物　是指以观花为主，花期较长、花色绚丽多姿的种类，如深蓝鼠尾草、天蓝鼠尾草、红花鼠尾草、樱桃鼠尾草、白及、宿根天人菊、大花金鸡菊、金光菊、铁筷子、百子莲、大花葱、美丽月见草、地中海蓝钟花、忽地笑、红花石蒜、冰岛虞美人（图 1-3-53）等。

观果地被植物　是指主要观赏果实，果实鲜艳、富有特色的种类，如紫金牛、万年青、蛇莓、茅莓等。

C.按生物学特性划分：

一、二年生花卉及宿根地被植物　此类地被植物目前园林中应用十分广泛，许多种类能够迅速覆盖地表，繁殖快，栽培管理简单粗放，见效快，如波斯菊、大花金鸡菊、蛇鞭菊、吉祥草、麦冬、马蔺、金钱蒲、金边阔叶麦冬、硫华菊（图 1-3-54）等。

灌木类地被植物　是指株型较矮的一类灌木，如铺地柏、栀子、水栀子、八仙花、金叶大花六道木、水果蓝、金丝桃、金丝梅等。

藤本类地被植物　是指具有蔓生或攀缘特点、耐阴性较强的一类地被植物，如络石、蔓长春花、常春藤、扶芳藤等。

矮生竹类地被植物　是指株型低矮、耐阴性强的竹类，如阔叶箬竹、菲白竹、菲黄竹（图 1-3-55）等。

蕨类地被植物　适合生长在阴湿及温暖的环境下，如贯众、红盖鳞毛蕨、凤尾蕨、肾蕨（图 1-3-56）、波士顿蕨等。

③地被植物的配置

空旷地块　地被植物在大量空旷地块的应用，要根据地形、地貌及地块的功能而定，要与周边的环境相适应。如果是郊野临时地块，适宜选择一、二年生的自播地被植物，如波斯菊、硫华菊、二月蓝等，其花色鲜艳，容易形成成片效果（图 1-3-57）。

花境及路旁　地被植物在花境中的应用十分广泛，一般有花境的地方就有地被植物。在园林中，可根据园路的宽窄与周边环境的不同，选择与立地环境相适应、叶色或花色鲜艳的金叶大花六道木、水果蓝、小丑火棘、金边阔叶麦冬、金钱蒲、花叶玉

园林植物景观设计原则与配置形式

图1-3-55 菲黄竹

图1-3-56 肾蕨

图1-3-57 林下的二月蓝

图1-3-58 地被植物在花境中的应用

簪、紫叶千鸟花、荷兰菊、花叶马兰等地被植物。对比较空旷单调的地块，可利用地被植物不同的叶色、花色、花期、叶形等搭配起来，形成色彩丰富、高低错落的花境（图1-3-58）。

道路隔离带　道路隔离带通常比较狭窄，种植地被植物，不但能够形成复合的垂直景观供人们欣赏，而且能有效地利用道路隔离带的空间，扩大了绿化面积，增强了环保功能（图1-3-59）。

5）水生植物景观配置形式

（1）园林中常见的水生植物

植物学意义上的水生植物是指常年生活在水中，或在其生命周期内某段时间生活在水中的植物。这类植物体内细胞间隙较大，通气组织比较发达，种子能在水中或沼泽地萌发，在枯水期它们比任何一种陆生植物更易死亡。水生植物种类繁多，其中淡水植物生活型有5类。

①湿生植物　即生活在草甸、河湖岸边和沼泽的植物。湿生植物喜欢潮湿环境，不能忍受较长时间的水分不足，抗旱能力弱。如红蓼、美人蕉、黄菖蒲等。

②挺水植物　形态直立挺拔，绝大多数具有茎、叶之分，茎、叶挺出水面，根或根状茎扎入泥中生长发育，花色艳丽，花开时离开水面。如香蒲、菖蒲、水葱、千屈菜、梭鱼草、荷花（图1-3-60）等。

图1-3-59　地被植物在道路隔离带中的应用

③浮叶植物　又称浮水植物。根扎入水底基质，只是叶片浮于水面的一类植物。这类植物叶柄细长，茎细弱不能直立，气孔通常分布于叶的上表面，叶的下表面没有或极少有气孔，叶上面通常还有蜡质。花开时近水面。多数以观叶、观花为主。常见的浮叶植物有睡莲（图1-3-61）、菱、荇菜、浮叶眼子菜等。它们既能吸收水里的矿物质，又能利用其漂浮于水面的叶片遮蔽射入水中的阳光，从而抑制水藻的生长。

图1-3-60　荷花

④漂浮植物　茎、叶或叶状体漂浮于水面或水中，根系悬垂于水中吸收养分却无固着点而使整个植株漂浮不定，如浮萍、凤眼莲。

⑤沉水植物　根扎于水下泥土之中，有的茎生于泥中，全株沉没于水面之下。为利于在空气极度缺乏的水中进行气体交换，通气组织一般都特别发达，叶多为狭长或丝状。这类植物在水下弱光的条件下也能正常生长发育，但其花小、花期短。由于它们能够在白天制造氧气，有利于平衡水体中的化学成分和促进鱼

图1-3-61　睡莲

图1-3-62 岸边植物配置

图1-3-63 宽阔水面栽植荷花

类的生长，所以对于水体净化有一定意义。常见的沉水植物有水苋菜、黑藻、菹草、水车前等。

（2）水生植物的配置

①岸边植物配置　水景园的岸边景观主要由湿生的乔、灌木和挺水花卉组成。乔木的枝干可以形成框景、透景等特殊的景观效果，不同形态的乔木还可以组成丰富的天际线，与水平面形成对比，或与岸边建筑相配合。岸边的灌木或柔条拂水，软化硬质驳岸，或临水相照，成为水景的一部分。岸边的挺水植物可以群丛配置的方式与水岸搭配，点缀池旁桥头，体现自然野趣，同时，其竖向线条与水岸的水平线条形成对比，形成独特的景观效果（图1-3-62）。

②水面植物配置　在大多数宽阔水面的植物配置中，通常营造植物群落。在整个群落的搭配过程中，要重视其各个部分所起的作用，以及不同视角给人的观景体验，要能够达到连续、开阔的效果，给人以豁然开朗的感觉。在较宽的湖面进行植物配置时，可选择荷花、睡莲等植物，两岸设置凉亭和走廊，达到疏密有致、层次分明、景色优美宜人的景观效果（图1-3-63）。

狭窄水面常以池塘、溪流的方式呈现，通常不需要像湖面那样有大量的植物配置。植物的选择上大多较为精致，能够完美地呈现出园林的含蓄，切勿五彩斑斓、风格迥异。其植物不能过于高大，也不可过于拥挤，以免影响观赏（图1-3-64）。

③沼泽植物配置　在面积较大的沼泽园中，种植沼生的乔、灌、草等多种植物，并设置汀步或铺设栈道，引导游人进入沼泽园的深处，去欣赏奇妙的沼生花卉或湿生乔木的呼吸根等（图1-3-65）。在小型水景园中，除了在岸边种植沼生植物外，也常结合水池构筑沼园或沼床，栽培沼生花卉，丰富水景园的观赏内容。

图1-3-64　池塘边栽植鸢尾　　　　　　图1-3-65　沼泽植物配置

简答题

（1）三株丛植时应遵循哪些设计原则？

（2）请比较花坛与花境的异同点。

（3）水生植物可分为哪些类别？分别列举1~2种代表植物。

实训题

请以小组为单位，每组3~5人，调查当地现有花坛并做现场记录，调查内容包括花坛类型、常用花卉种类等。选择一个花坛，绘制出花坛平面图。

单元 **4**

园林植物景观设计程序及图纸要求

数字资源

知识准备

1. 园林植物景观设计程序

在园林植物景观设计的整个过程中，植物选择、构图与布局应当早于其他要素，确保所营造的园林植物景观能够发挥其功能和观赏价值，并符合其他元素设计的要求。此外，考虑植物景观设计方案时应当与前期的规划理念与思路进行对接，并按规划的总体目标完成植物景观的设计。

1）设计前期——了解背景及梳理现状

（1）了解相关法律规章

在进行园林植物景观设计前，应该先了解行业以及地方最新的法律法规，使设计符合国家有关规定，从而更好地完成园林植物景观设计任务。表 1-4-1 所列是我国风景园林设计相关的法规和标准，在进行园林植物景观设计时可以参考借鉴。

表 1-4-1　我国风景园林设计相关的法规和标准

类　　型		名　　称
专业法律法规	行政法规	《城市绿化条例》 《中华人民共和国植物新品种保护条例》
	地方性法规（以江苏省为例）	《江苏省城市绿化管理条例》
	部门规章	《城市绿线管理办法》 《市政公用设施抗灾设防管理规定》 《工程建设项目勘察设计招标投标办法》
	W	《江苏省城市绿化管理办法》
标准规范	国家标准	《城市绿地设计规范》（GB 50420—2007）（2016 年版） 《大型游乐设施安全规范》（GB 8408—2108） 《城市园林绿化评价标准》（GB 50563—2016） 《城市居住区规划设计标准》（GB 50180—2018）
	行业标准	《公园设计规范》（GB 51192—2016） 《风景园林图例图示标准》（CJJ 67—1995） 《城市道路绿化规划与设计规范》（CJJ 75—1997） 《城市用地竖向规划规范》（CJJ 83—1999） 《城市园林苗圃育苗技术规程》（CJ/T 23—1999） 《城市绿化和园林绿地用植物材料　木本苗》（CJ/T 24—1999） 《城市绿化球根花卉　种球》（CJ/T 135—2018） 《城市绿地分类标准》（CJJ/T 85） 《园林基本术语标准》（CJJ/T 91）

（2）项目设计任务书解读

项目设计任务书是设计工作的主要依据，也是满足设计内容的必要前提。设计任务书的解读是园林植物景观设计程序中关键的一步。在设计师已熟悉或掌握相关行业法规的前提下，解读设计任务书能够充分了解甲方（委托方）的具体要求，确定在接下来的设计工作中哪些必须要深入细致地调查、分析并且进行相应的设计表达，哪些是次要关注、考虑和呼应的，确保不会出现原则性的错误。

从设计任务书的具体内容来看，一个设计项目的任务书不仅包括了设计场地范围、面积与规模、项目要求、建设条件、投资预算、近期建设项目以及时序安排等方面以文字说明为主的规定性内容要求，还会辅以必要的图纸资料，作为对文字说明材料的补充。以下为某园林植物景观设计任务书。

单元 4

园林植物景观设计程序及图纸要求

×××园林植物景观设计任务书

（纲要版）

一、项目概况

略。

二、设计原则

略。

三、设计依据

1.《×××园林植物景观设计任务书》；

2. 甲方提供的 ××× 项目基地相关图纸；

3. 国家及地方有关建设工程设计管理法规。

四、设计内容

设计内容为项目红线内室外空间景观设计，包括小区硬景设计，红线内围墙、大门及园林相关的土建设计，园景的休闲设施布置，植物配置与地形设计，以及园路及雕塑的配置等。

五、设计细则

1. 在对基地现场进行实地勘察的基础上，结合规划、建筑设计，使建筑与环境融为一体，相得益彰。园林环境个性与主题鲜明，符合现代人的生活习惯，满足其对理想休闲度假环境的追求。

2. 充分利用现代材料与造园手法，承袭传统江南园林风格，借鉴江南古典园林中的对景、借景、框景等空间组景及内外空间景观渗透手法。

3. 材料选择应与建筑相协调，采用本土化、地域性的乡土材料进行合理搭配和设计，营造高品质的植物景观空间。通过精心设计的细节，将设计主题反映得淋漓尽致。选材上，应以经济、美观、耐久为原则，不追求奢华，以节约成本。

4. 绿化方面要充分了解植物的各种属性，考虑植物景观营造的立面效果、空间体验，使之疏密有致，同时注意根据色彩、香味和季节变换进行植物搭配。

六、设计阶段及其成果提交

第一阶段：初步设计

第二阶段：扩初设计

1. 扩初设计阶段设计内容

2. 扩初设计的工作成果

第三阶段：施工图设计

1. 施工图设计阶段设计内容

2. 施工图设计的工作成果

第四阶段：工程监造

作为一名园林景观设计师和专业学习人员，为了使一项园林植物景观设计项目可以顺利进行，在确保正确理解项目设计任务书的工作内容和具体要求的前提下，可以依据自己的专业知识、从业经验，经过必要的咨询后，对甲方确立的任务和目标提出有依据的、科学的修改意见和有效反馈。

（3）前期资料收集与获取

前期基础资料的收集是确保准确、有效完成一项园林植物景观设计任务的充分必要条件。换句话说，在甲方发布项目设计任务书之后，设计单位承接设计任务之前，首先开展的工作应当是尽可能地获取项目的前期基础资料。

园林植物景观设计所需的基础资料依据设计任务和具体要求而定，一般最先能够获取的信息取决于甲方对项目的认知度和具体要求。此外，甲方所提供的图纸资料也是一个重要的信息来源，一般图纸资料包括地形测绘数据（DWG 格式），现状树木分布位置图，地下管线布局图，气象、水文相关资料，地质、土壤类型数据，以及地域特色、民风民俗等方面的背景资料。

在获取相关基础资料之后，紧接着的一步是将现状资料进行归类整理、分项归纳，这也是初步了解项目的过程。在这一过程中，设计师应当明确设计场地的总体定位，厘清该场地的区位特征，分析设计场地的功能、布局及采用的设计风格等。同时，在分析基础资料的过程中也有意识地思考哪一种种植形式符合前期对该场地的构思和设想（包括植物景观的表达效果和营造方式等），这一思考的过程应是整个园林植物景观设计程序中最为重要且关键的部分。

此外，在甲方提供设计场地的基础资料的基础上，设计师还应积极向甲方申请获取设计场地前期分析所需的其他资料（表 1-4-2）。在这一过程中，不仅要能够清晰地知道设计场地所需的资料有哪些，也要能够认清问题和发现问题及审阅甲方的要求，园林景观设计师还应该确定设计中需要考虑采用何种要素，了解需要解决的困难和明确预想的设计效果，完成现状分析。

（4）实地调查与现状分析

场地调查与现状分析是园林植物景观设计的必要前提和设计基础，任一园林植物景观设计都必须摸清场地现状，以此研判场地现状特征，找出相应的问题并有针对性地提出改进措施和策略。一方面，针对设计场地范围、特征以及设计需求，及时认真分析甲方所提供的方案基础资料，并在此基础上分析现状情况，如建筑现状（包括建筑风格、大小、色彩、使用功能）、树木的情况，以及水文、地质、地形等自然条件；另一方面，通过实地观察，熟悉场地环境及场地与周围区域的关系（包括场地土壤、土层、建筑垃圾存留状况及周边建筑物与植被现状的关系），做好设计的准备工作。

①场地区位和设计范围　利用缩小比例的地图以及现场勘测掌握如下内容：基地

在区域内所处的位置；基地周围的交通状况，包括其外部存在的主要交通路线、道路等级与性质、道路与基地的距离及道路的交通量等情况；基地周边的用地类型，如建设用地（工业用地、居住用地、商业服务业设施用地、农村宅基地、农业设施用地等）和非建设用地（河流水系、基本农田、林地等）；基地确切规划，用地界线以及基地与周围用地或规划红线的关系；基地规划的服务半径及其所服务人口的数量和人口构成情况。

表 1-4-2 某园林植物景观设计项目资料清单

序号	资料及文件名称	份数	备注
1	1：500 现状地形测绘图及电子文件	1	图纸均附图一份及电子文件一份
2	经报批通过的规划总图及电子文件	1	
3	总平面图（含竖向设计）	1	
4	建筑首层及标准层平面图	1	
5	建筑现状（含建筑风格、大小、材料、颜色、使用功能等）	1	
6	管线综合平衡图	1	
7	室外给排水、电气总平面图	1	
8	车库顶板荷载及地质勘察资料	1	
9	用地红线测绘资料或现状图	1	
10	场地建设周期及计划	1	

②地形与地貌 是场地内部现状分析的重要内容。清楚地掌握场地内部地形与地貌特征，对后期进行园林植物景观设计和植物景观效果的营造具有较大的影响。若最终选取的植物点位对空间环境有特殊的要求，那么前期了解地形与地貌特征非常有必要。图 1-4-1 所示为某设计项目场地内部地形与地貌分析图（包括了高程、坡度、坡向三个方面）。

此外，在了解场地内部现状地形高差的基础上，调查内容应包括斜坡的坡向和坡度，以便更加明确不同区域应该选择哪些植物种类。例如，坡向朝南的应该种植一些喜光植物，如月季、石榴、菊花、水仙、荷花、向日葵、大花马齿苋；坡向朝北的区域应当种植一些耐阴植物，如山毛榉、云杉、侧柏、胡桃等。

③地质、土壤与气候 深入了解一个地区基础的地质构造和土壤种类，对制订该地区的种植设计方案起着十分重要的作用。该地区土壤和气候条件的资料将有助于在规划过程中选择合适的植物以及最适宜该地区原有自然条件的管理模式。以江苏省为例，不同区域土壤类型分布存在一定的差异，如苏锡常地区常见的土壤类型为黄棕壤，呈中性或弱碱性，适合种植桂花、蜡梅、月季、石榴、海棠、梅花等植物，而杜鹃花、山茶、栀子、茉莉花、白兰花、柑橘等喜酸性土壤植物不适宜种植。

场地地质构造及其开凿条件随土壤种类及其到岩床的不同深度而变化。一般

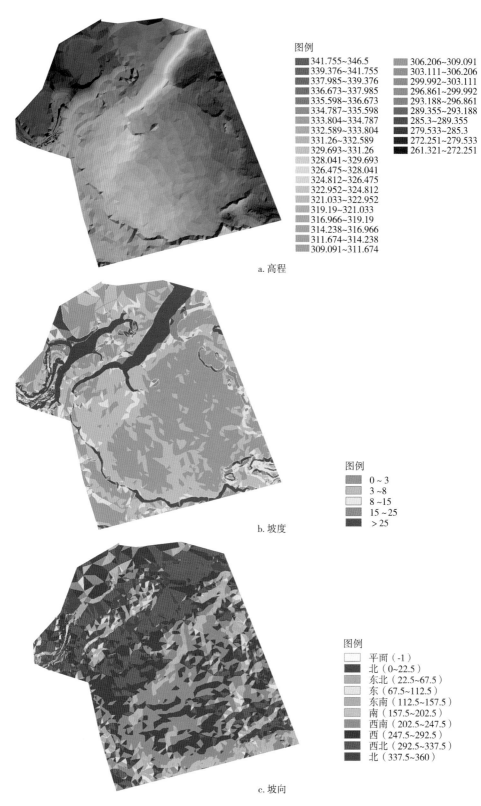

图例
341.755~346.5	306.206~309.091
339.376~341.755	303.111~306.206
337.985~339.376	299.992~303.111
336.673~337.985	296.861~299.992
335.598~336.673	293.188~296.861
334.787~335.598	289.355~293.188
333.804~334.787	285.3~289.355
332.589~333.804	279.533~285.3
331.26~332.589	272.251~279.533
329.693~331.26	261.321~272.251
328.041~329.693	
326.475~328.041	
324.812~326.475	
322.952~324.812	
321.033~322.952	
319.19~321.033	
316.966~319.19	
314.238~316.966	
311.674~314.238	
309.091~311.674	

a. 高程

图例
- 0 ~ 3
- 3 ~ 8
- 8 ~ 15
- 15 ~ 25
- > 25

b. 坡度

图例
- 平面（-1）
- 北（0~22.5）
- 东北（22.5~67.5）
- 东（67.5~112.5）
- 东南（112.5~157.5）
- 南（157.5~202.5）
- 西南（202.5~247.5）
- 西（247.5~292.5）
- 西北（292.5~337.5）
- 北（337.5~360）

c. 坡向

图 1-4-1　场地内部地形与地貌

单元 4

园林植物景观设计程序及图纸要求

情况下，在黏性土壤上盖建筑物要比在不适宜种植的土地及岩石上差，在黏土变潮的情况下，尤其危险。浅的岩床提供坚固的地基，但是开凿起来耗费较大。对地面坡度进行估测，确定土壤种类、地质构造以及岩石的种类，可以为确定地面的稳固性和开凿的潜力提供有价值的线索。土壤湿度、土壤的流动性及其对下水道污物和其他废弃物的吸收能力，可以根据土壤种类和在该地区内发现的地质沉积物的相关资料来判定。

气候条件与植物的生长及现存植被的数量有着直接而明显的关系，气候可以限制或者扩大某个植物种类作为设计元素的作用。气象资料包括基地所在地区或城市常年积累的气象资料和基地范围内的小气候资料。在进行植物景观设计时要考虑的气候条件有：日照、风、温度、降水与湿度、小气候等。如图1-4-2所示的设计项目场地日照条件分析，南北向景观主轴日照充足，南侧宅间日照时间较长，高层宅间空间较充裕，可相应设计儿童及老人活动区，保证冬至日2h以上日照。

④**水文条件** 对场地基础水文条件的调研主要包含以下几方面内容：现有基地上的河流、湖泊和池塘等的位置、范围、平均水深、常水位、最低和最高水位、洪涝水面范围和水位；现有水系与基地外水系的关系，包括流向、流量与落差，各种水利设施的使用情况；结合地形确定汇水区域，标明汇水点与排水点、汇水线与分水线（山谷线常称为汇水线，是地表水汇集线；地形中的脊线通常称为分水线，是划分汇水区的界线）；水岸线的形式与状况，驳岸的稳定性，岸边植物及水生植物情况；地下水位波动范围，有无地下泉与地下河；地面及地下水的水质情况，污染物的情况。如图1-4-3所示为某公园设计项目场地水文分析。

⑤**场地现状植物** 调查场地内现有植物资源，进行归纳整理，列出可以保留的、可替代的以及应去除的植物种类，如图1-4-4所示为武汉东湖园艺场中的茶园场地周围现状植被分布情况以及对现状植物保留的方法。对场地实行植被调查时，如果场地范围小、现状植物种类不复杂，可直接进行实地调查和测量定位。调查过程中应确定场地内每一株植物和每个植物群的位置、大小及保留用于设计的潜力，必须在基础地

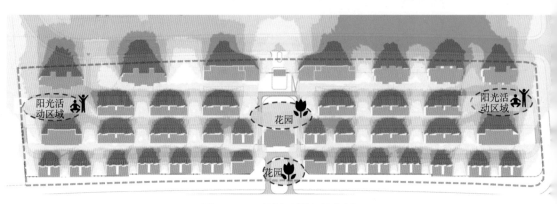

图1-4-2 场地日照条件分析

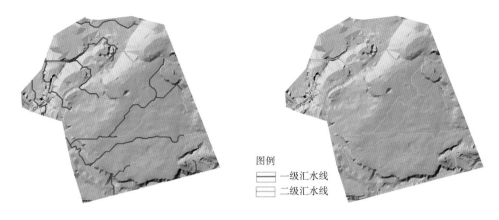

图例
▭ 一级汇水线
▭ 二级汇水线

图 1-4-3 场地水文分析

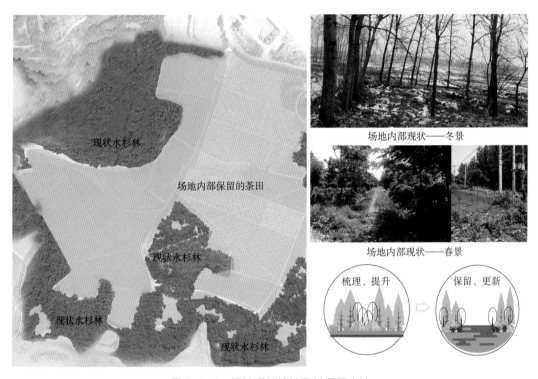

现状水杉林

场地内部保留的茶田

现状水杉林

现状水杉林

现状水杉林

场地内部现状——冬景

场地内部现状——春景

梳理、提升 ⇨ 保留、更新

图 1-4-4 场地现状植被及其保留方法

图上准确地标明其位置以及到该场地内其他有记录的特殊物体的距离。

⑥**现存设施** 以人工构筑物为主的现存设施是进行场地内部情况摸清的一项内容。现存设施的保留利用或拆除舍弃对园林植物栽种和景观营造存在一定的影响，故而，现存设施的调查和分析也需在设计前期将其完成。现存设施的调查内容主要包括建筑物（居住建筑、公共服务设施建筑等）、构筑物（不提供居住功能的建筑，如桥梁、堤坝、围墙、碑、栏杆等）、道路、广场以及各种管线等。在规划过程中，必须把这些要素绘制在一张图纸上，以便设计时综合考虑。

建筑物和构筑物　了解场地现有的建筑物、构筑物等的使用情况，建筑物、构筑物的平面形式、标高以及其与道路的连接情况。场地为居住区时，应当考虑居住建筑对植物景观空间的占用、日照的遮挡等问题，因此需要针对场地内部居住建筑进行日照分析、建筑层数分析、使用类型分析等。

道路和广场　了解道路的宽度和分级、面层材料、平曲线及主要点的标高、排水形式、边沟的尺寸和材料；了解广场的位置、大小、铺装、标高以及排水形式。

各种管线　管线有地上和地下两部分，包括电线、电缆线、通信线、供水管、排水管、燃气管等。有些是供场地内使用的，有些是过境的，因此，要区分场地内这些管线的种类，了解它们的位置、走向、长度，每种管线的管径和埋深，以及一些技术参数。

（5）场地现状综合与研判

场地现状综合与研判是设计的基础和依据，是将获得的项目信息进行有效分析、构图、使用的阶段。其目的是通过有效的分析，得出相关结论，从而更好地指导后续设计，使设计方案更加合理、完善。

在表示场地内各种因子间的关系及相互作用时，有一种有效的工具——叠加图。即每一个因子都可以看作影响景观的一个"层"，针对某一具体的场地进行分析时可以将影响场地的各种因子相互叠加。通过这种分析方法，就可以在场地内找到最适宜的分区方式。如在地形相关资料的基础上进行坡度分析、坡向分析、水文分析，在土壤相关资料的基础上进行土壤承载力分析，在气象相关资料的基础上进行日照分析、小气候分析等，将每个因素的分析绘在相应因素分析图上，最后将各因素的分析图叠加到一张综合的分析图上。

2）方案设计阶段——初步设计与扩初设计

完成基地调研和现场分析以后，就进入方案设计阶段，该阶段主要完成植物景观布局设计，确定植物景观的功能、景点以及空间和群落形式，明确植物大类，展示植物景观风格和特点。

（1）初步设计

①概念设计　是施工图设计或景观深化设计的必要前提，目的是确定植物景观设计的主题定位和营造效果等。在概念设计之时，需要根据已掌握的基础资料，经分析整理和归纳后，进行场地内部园林植物景观的初步主题定位和设计思考。在园林植物景观概念设计阶段，要着重考虑不同植物景观营造的策略和主题意向。如图1-4-5所示，线性区域内部植物景观的概念设计需要达到构思某一主题的程度，要确保植物景观能够体现设计场地总体规划的主题理念。

②完成空间分布图　根据总体设计原则、现状图分析，不同年龄段游人的活动规

花园·避花湾

晓迎秋露一枝新，
不占园中最上春。
桃李无言又何在，
向风偏笑艳阳人。

该方案以花园营造为背景，以花香四溢、宁静致远、归家港湾为主题，利用多种色彩丰富
的植物合理搭配，形成空间层次分明、错落有致、有序展开的植物景观图景。

合欢　　　　红枫　　　　木槿　　　　樟树　　　　山茶

图 1-4-5　设计场地植物景观概念设计

律，以及不同兴趣爱好的游人的需要，确定不同的分区，划出不同的空间，使不同的
空间和区域满足不同的功能要求，并使功能与形式尽可能统一。另外，空间分布图可
以反映不同分区之间的关系，如用不同颜色表示不同分区，从而进一步细化成更具体
的景观或功能小区域（图 1-4-6）。

③确定空间层次　确定场地内部园林植物景观的主题和营造效果后，需要针对场地内
部不同的空间类型（如入口空间、公共活动空间、居住建筑前后空间等）充分考虑整体
植物景观层次上的协调性，即园林植物景观设计主题定位和目标应与规划结构严谨适配、
严格对应，不同空间类型的主题在空间横向上要有序地起承转合（如入口空间是开放性
空间，植物景观营造的空间效果应当也是开敞的效果），在纵向上也要有一定的联系和
延展（如植物搭配讲究分层，有竖向空间的效果），如图 1-4-7 所示。

④完成设计意向图　设计意向图可在功能分区图的基础上或者结合功能分区做更
进一步的规划深入，包括文字分析和建议性、意向性图片以及有关标注。

研究初步方案　根据整体景观布局以及局部景观的设计要点，明确植物材料在
空间组织、造景、改善基地条件等方面的作用，做出园林植物种植方案构思图。在
这一阶段，应主要考虑种植区域的初步布局，如将种植区分划成更小的表示各种植
物类型、大小和形态的区域（图 1-4-8）。此外，植物景观初步设计中应当明确说
明植物的种植策略、植物组团的主题功能和专项设计，植物景观要有季相变化和不
同色彩搭配。

分析一个种植区域内高度关系的理想方法，是设计出植物景观的立面组合图。通
过这种立面组合图可看出实际高度，并能直观地判断出它们之间的关系。考虑到方向
和视角不同，应尽可能画出更多的立面组合图，以便全面地观测和分析，只有这样，

单元4

园林植物景观设计程序及图纸要求

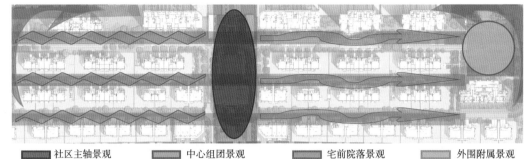

■ 社区主轴景观　　　■ 中心组团景观　　　■ 宅前院落景观　　　■ 外围附属景观

空间布局：社区主轴景观采用阵列式种植方式，强调其空间的序列；中心组团景观突出四季时节之感，强调其时间的变化；宅前院落景观以散植和点植为主，营造归家的空间；外围附属景观采用丛林式种植方式，营造降噪、分隔、遮挡的空间。

图 1-4-6　场地植物景观空间布局

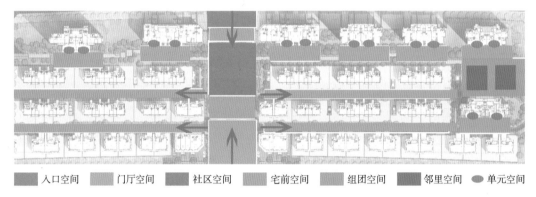

■ 入口空间　　■ 门厅空间　　■ 社区空间　　■ 宅前空间　　■ 组团空间　　■ 邻里空间　　● 单元空间

图 1-4-7　场地植物景观空间层次关系

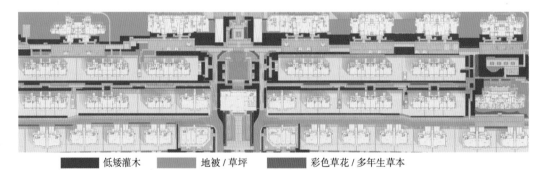

■ 低矮灌木　　　■ 地被／草坪　　　■ 彩色草花／多年生草本

图 1-4-8　场地植物景观种植区域布局

才能做出令人满意的设计方案。在具体设计中，植物景观设计不一定指纯粹的植物景观的设计，也包括其他附属景观的设计，只是应该重点突出植物景观的设计。

　　选择植物　园林植物景观设计是以植物的景观素材如花、果、叶的色彩、形态等为出发点进行艺术布局和构图，因此，在实际工作中还必须进行周密的植物选择工作。原则上选择所在地区的乡土植物为主要树种，同时也应考虑已被证明能适应该地生长条件、长势良好的外来或引进的植物种类。

　　植物的选择是园林植物景观设计中关键的一个环节。植物种类的合理配置和群落

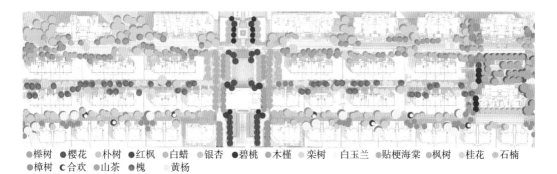

●榉树 ●樱花 ●朴树 ●红枫 ●白蜡 ●银杏 ●碧桃 ●木槿 ●栾树 ●白玉兰 ●贴梗海棠 ●枫树 ●桂花 ●石楠
●樟树 ●合欢 ●山茶 ●槐 ●黄杨

图1-4-9 场地植物景观总布局

构成应当是园林植物景观效果和设计成果的最终目标，因此，除了考虑植物材料在选择时的便利性、乡土性以及相应的规格和成本等方面外，也需进一步考虑设计思想和场地内部环境特征。如图1-4-9所示的园林植物景观中骨干乔木树种的选择，应考虑到树种的适地性、美观性和实用性等。

另外，在植物种类的选择上，还要对不同园林植物营造的景观效果和不同生长时期的形态、质地、色彩、耐寒性、养护要求、需要的维护程度及植物与场地之间的兼容性进行考虑。

（2）扩初设计

对于园林植物景观设计来说，扩初设计不仅是落实概念设计的主题思想和设计目标，也是对概念设计中植物景观更为深入的具体化，而这一过程，需要具有丰富的园林景观设计经验才能顺利完成。针对园林植物景观的详细设计，一方面需要深入考虑种植设计的具体内容，如植物数量、种植间距等；另一方面，需要对概念设计中的植物的形状、色彩、质感、季相变化、生长速度、生长习性、配置在一起的效果等方面具体化，应具有实施性和可操作性。扩初设计的内容包括植物的平面位置或范围，详尽的尺寸、种植的数量和种类、详细的种植方法、种植坛和台的详图、管理和栽后养护期限等图纸与文字内容。如表1-4-3所列，不同区域的植物配置，需要从树种结构、土壤性质、植物选择要点等方面考虑，以满足种植方案中的各种要求。

此外，扩初设计阶段也是对前面各阶段成果再次修改和调整的过程。此阶段应从平面、立面构图的角度分析植物种植方式的合理性，调整树丛、树群的配置，确定最终的植物配置方式，以发挥植物景观的各种功能。同时应选定所有植物种类，画出详细种植设计图。

值得注意的是，在扩初设计阶段，种植设计应考虑建成后的养护条件，考虑是否需要经常修剪才可以保持设计要求的植物形状，植物落果后是否会增加清理成本，树种或树种配置后是否容易产生病虫害等。例如，高速公路两侧绿化带的植物景观种植设计中，因场地土壤贫瘠，保水、保肥能力较差，阳光强烈，水分条件差等，在扩初设计中就需要进一步明确选择一些抗性强、耐干旱贫瘠的意向树种，以减少日后的维护难度。故而，在扩初设计阶段，进一步缩小植物选择范围，筛除之前不合理的意向树种，选择更适合的树种，最后在图纸上将最终选择的苗木用植物图例画出。

表 1-4-3　不同分区植物配置要求

种植区域	树种结构	土壤性质	植物选择要点	植物种类		
				乔木	灌木/地被	陆生草花/草坪/水生植物
隔离带	结构树	薄土壤、工程土方	枝叶茂密、抗病虫害、耐贫瘠	樟树、黄桷树、桂花、朴树、三球悬铃木、鹅掌楸	黄杨、金叶女贞、鹅掌柴	鸢尾、麦冬、常春藤、玉簪
	屏障树			朴树、杨树、雪松	黄杨、海桐、杜鹃花	—
	观赏植物			樱花、桃、玉兰	海桐、山茶、杜鹃花、紫荆、栀子	鸢尾、波斯菊、黄冠菊、紫云英、紫娇花、绣球、雪茄花
滨水区	结构树	壤土	能巩固土壤、耐水湿、为小动物提供栖息地	樟树、朴树、枫杨	黄杨、金叶女贞	麦冬、常春藤、玉簪、狼尾草、蒲苇
	观赏树			枫树、柳树、水杉	云南黄馨、杜鹃花、木芙蓉、山茶、紫荆	鸢尾、麦冬、波斯菊、紫云英、千屈菜、唐菖蒲、狼尾草、蒲苇
湿地	观赏植物	壤土	能巩固土壤、净化水质、耐水湿、为小动物提供栖息地	水杉、池杉	—	鸢尾、千屈菜、菖蒲、旱伞草、睡莲、香蒲、水葱、灯芯草、狐尾藻、慈姑
山林区	乡土树	壤土	能巩固土壤、为小动物提供栖息地，低养护水平	樟树、黄桷树、红花木莲、朴树	黄杨、杜鹃花、木芙蓉	鸢尾、麦冬、波斯菊、狗牙根、小盼草
	结构树			樟树、黄桷树、朴树	黄杨、金叶女贞、海桐、南天竹、山茶	黄冠菊、紫云英、射干
	观赏植物			桃、玉兰、柚子	紫荆、含笑、结香、蜡梅、山茶、四季桂、黄杨、八角金盘、海桐	鸢尾、麦冬、狼尾草
疏林草地	乡土树	薄壤土、工程土方	遮阴、耐瘠薄、低养护水平	樟树、黄桷树、银杏	—	结缕草、狗牙根、剪股颖、早熟禾、小盼草、臺草
	高分枝结构树			樟树、朴树、黄连木	—	—
	低矮地被			—	杜鹃花	鸢尾、波斯菊、紫云英、葱兰、白三叶

3）施工图设计阶段——施工设计

施工设计是综合所有阶段成果的内容，具有非常强的落地性。施工图中规定的植物具体位置、胸径、冠幅等都需要具体表达出来。

（1）施工总平面图

用于表明各设计因素的平面关系和它们的正确位置及放线坐标网、基点、基线的位置。

内容包括：保留的现有地下综合管线（红色线表示）、场地内部人工构筑物、保留的现状树木等（用细线表示），设计的地形等高线、山石和水体（粗黑线表示）、道路广场、园灯、园椅、果皮箱等放线坐标网，以及工程序号、透视线等（图1-4-10）。

（2）竖向设计图

用于表示各设计因素的高程关系。如山峰、丘陵、盆地、缓坡、平地、河湖驳岸、池底等具体高程，各景区的排水方向、雨水汇集线，以及建筑、广场的具体高程等。为满足排水要求，一般绿地坡度不得小于5%，缓坡坡度为8%~12%，陡坡坡度为12%以上。

内容包括：竖向设计平面图，主要包括等高线、最高点高程，溪流河湖岸线、河底线及高程，填、挖方范围等（注明填、挖方工程量）（图1-4-11）；竖向设计剖面图，主要包括山体、丘陵、谷地的坡势轮廓线（用黑粗实线表示）及高度、平面距（用黑细实线表示）等，剖面的起讫点、剖切位置编号必须与竖向设计平面图上的符号一致。

（3）种植施工图

园林种植施工图是在施工图设计阶段，标注植物种植点坐标、标高，确定植物种类、规格、数量以及栽植或养护要求的图纸。

内容包括：坐标网格或定位轴线，建筑、水体、道路、山石等造园要素的水平投影，地下管线或构筑物位置，各种设计的植物图例及位置，比例尺，风玫瑰图或指北针，标题栏，主要技术要求，苗木统计表，种植详图等。种植施工图根据绘制的部位和内容可分为绿化布置图（总平面图）和大样图 [分区平面图、乔木平面图（分区乔木平面图）、灌木平面图（分区灌木平面图）、地被平面图（分区地被平面图）]。种植施工图是编制预算、组织种植施工、进行施工监理和养护管理的重要依据。

①绿化布置图　用设计图例绘出常绿阔叶乔木、落叶阔叶乔木、常绿针叶乔木、落叶针叶乔木、常绿灌木、落叶灌木、整形绿篱、自然式色篱、花卉、草地等具体位置和植物种类、数量、种植方式、栋行距等（图1-4-12至图1-4-14）。在同一绿地小区中把同种树用细实线连在一起，标明树种和数量。同一幅图中树冠的表示不宜变化太多，花卉、绿篱的图示也应简明统一，针叶树可重点突出，保留的现状树与新栽的树应有区别。复层绿化时，用细线画大乔木树冠，用粗一些的线画树冠下的花卉、树丛、花台等。树冠的尺寸应以成年树为标准。例如，大乔木5~6m，孤植树7~8m，小

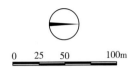

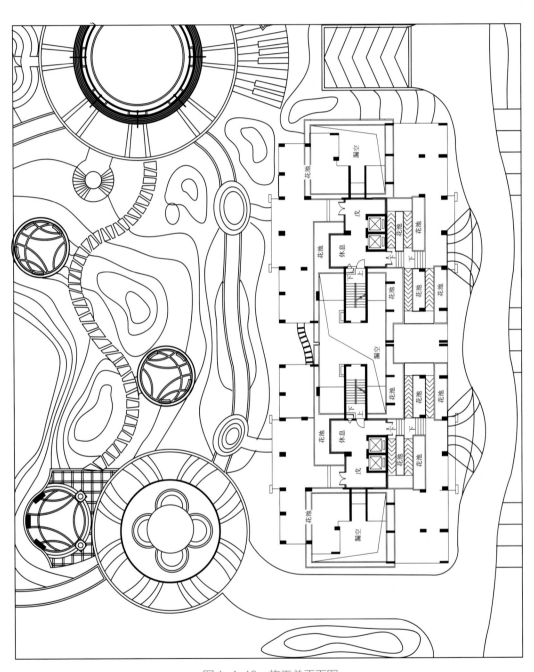

图 1-4-10 施工总平面图

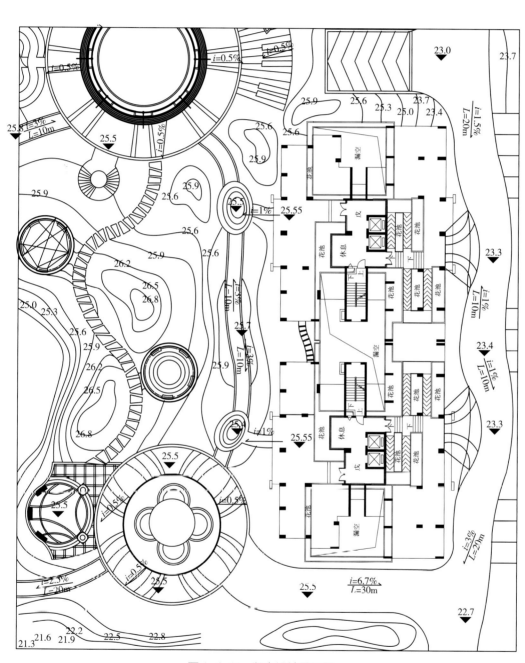

图 1-4-11　竖向设计平面图

园林植物景观设计程序及图纸要求

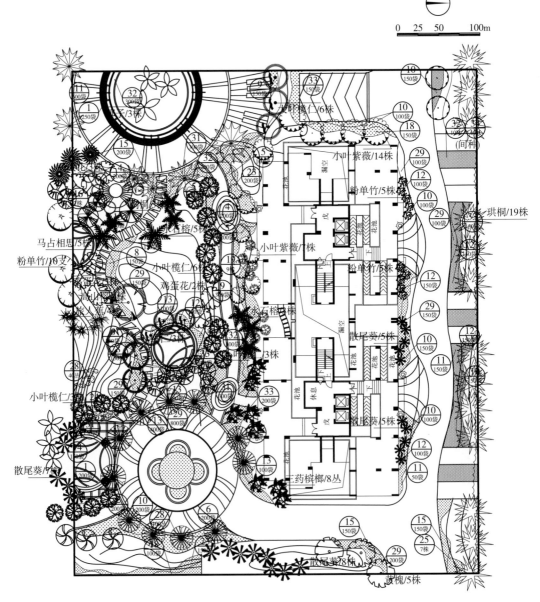

0 25 50 100m

小叶榄仁/6株
小叶紫薇/14株
粉单竹/5株
珙桐/19株
马占相思/5株
粉单竹/10支
小叶榄仁/6株
鸡蛋花/2株
小叶紫薇/7株
水石榕/2株
粉单竹/5株
/3株
散尾葵/5株
小叶榄仁/3株
散尾葵/5株
散尾葵/7株
王药槟榔/8丛
散尾葵/8株
鼓槐/5株

图 1-4-12　绿化总布置图

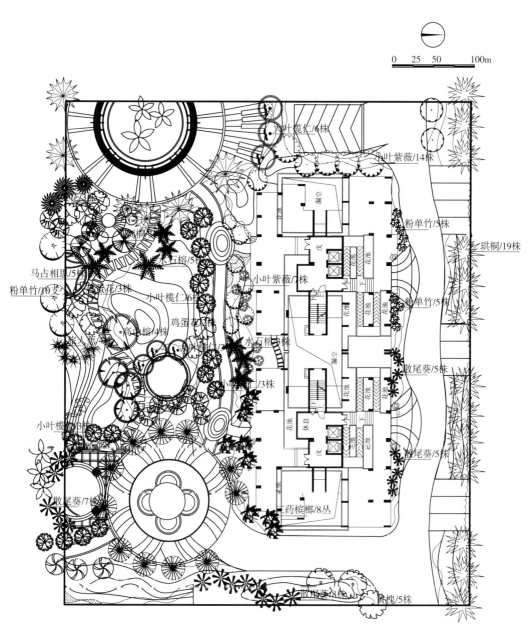

0 25 50 100m

大叶榄仁/6株
小叶紫薇/14株
粉单竹/5株
珙桐/19株
小叶紫薇/7株
粉单竹/5株
小叶榄仁/6株
散尾葵/5株
小叶紫薇/3株
散尾葵/5株
药槟榔/8丛
散尾葵/7株
散尾葵/28株
国槐/5株
马占相思/5株
粉单竹/10支
鸡蛋花/3株
小叶榄仁/6株
鸡蛋花/3株
水石榕/5株

图1-4-13 绿化上木布置图

园林植物景观设计程序及图纸要求

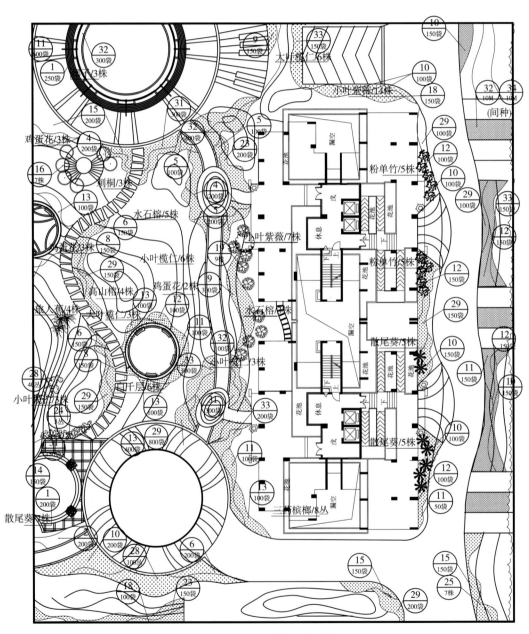

图 1-4-14　绿化下木布置图

乔木 3~5m，花灌木 1~2m，绿篱宽 0.5~1m。树种名称、数量可在树冠上注明。若图纸比例小，不易注字，可用编号的形式。在图纸上要标明编号、树种名称、数量对照表。成行树要注明每两株树的距离。

②大样图　种植平面图中的某些细部的尺寸、材料和做法需要详图表示，如不同胸径的树木需带不同大小的土球，根据土球大小决定种植穴尺寸、回填土的厚度、支撑固定框的做法以及树木的整形修剪和造型方法等。对于重点树群、林缘、绿篱、花坛、花卉及专类园等，可附种植大样图（1∶100），将群植和丛植各树木位置画准，注明植物种类、数量，用细实线画出坐标网，注明树木间距，并做出立面图，以便施工参考（图 1-4-15）。有时为了便于工人施工操作，增加施工图的直观性，对于不容易看明白的或者重点的部分最好画出轴测图。

（4）施工放样定位图

一般使用坐标方格网放样。应注意的是原点的选择，不能随便选择原点，一定要以在现场能找到的特征点作为原点（0，0），原点向右（向北）为正，原点向左（向南）为负。每一方格的边定一个适合的长度（如 5m、10m、20m）即可（图 1-4-16）。

知识补充

园林植物景观设计种植施工现场准备工序

■ 清理障碍物：

施工前将现场内妨碍施工的一切障碍物如垃圾堆、建筑废墟、违章建筑、砖瓦石块等清除干净。对现场原有的树木尽量保留，对非清除不可的也要慎重考虑。

■ 场地整理：

在施工现场根据设计图纸要求划分出绿化区与其他用地的界线，整理出预定的地形，根据周围水体的环境，合理规划地形，或平坦或起伏。若有土方工程，应先挖后填。对需要植树造林的地方要注意土层的夯实与土壤结构层次的处理，若有必要，适当增加客土量以利于植物生长。低洼处要合理安排排水系统。场地整理后将土面加以平整。

■ 水源、水系设置：

植物离不开水，尤其是初期养护阶段。水源、灌溉设备以及电源系统必须事先安置妥当。

2. 园林植物景观设计图纸要求

1）设计图纸主要内容

①图纸封面与目录　图纸封面应清楚表达 6 项信息：项目名称、设计单位、图纸

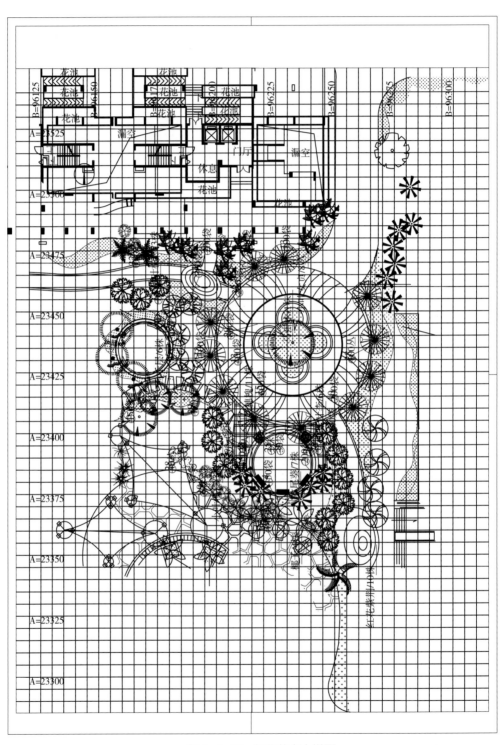

图1-4-15 绿化节点大样图

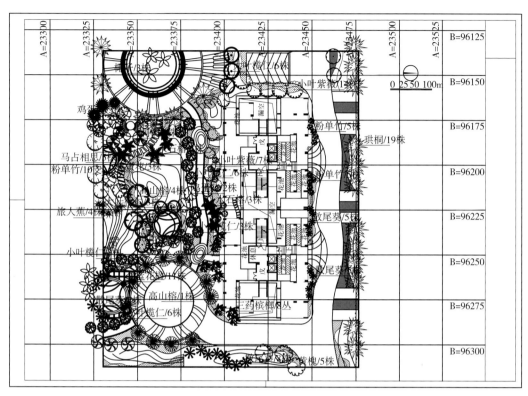

图 1-4-16　施工放样定位图

类别、出图日期、专业简称、设计阶段。以图幅大小确定字体的大小，种植施工图封面大小一般为 A2；若为单一的植物种植设计方案项目，封面应突出项目名称，项目名称字体最大，以 300mm 为宜，设计单位等其他文字以 120mm 为宜（图 1-4-17）。

　　图纸目录应准确表达图纸的顺序、数量、图号、图幅大小、出图状态等信息（表 1-4-4）。

图 1-4-17　图纸封面

园林植物景观设计程序及图纸要求

表 1-4-4　图纸目录

序号	图号	图名/设计项目名称	图幅	图纸页数			备注
				新图	旧图	标准	
1	Y-2-101	图纸目录	A1	1			
2	Y-2-102	园林景观总平面图	A1	1			
3	Y-2-103	园林景观竖向设计图一	A1	1			
4	Y-2-104	园林景观竖向设计图二	A1	1			
5	Y-2-105	园林种植平面图一	A1	1			
6	Y-2-106	园林种植平面图二	A1	1			
7	Y-2-107	苗木统计表	A1	1			
8	Y-2-108	中心水池节点详图	A1	1			
9	Y-2-109	室外园灯布置平面图	A1	1			
10	Y-2-1010	喷灌设施布置平面图	A1	1			

②设计说明书　是设计的进一步深化,需写明设计的依据、设计对象的地理位置及自然条件、园林绿地设计的基本情况、各种园林工程的论证叙述、园林绿地建成后的效果分析等。

③苗木统计表　用于计算工程量及进行工程备苗。植物的选种、形态、规格等与工程造价密切相关。常用苗木统计表见表 1-4-5 所列。

表 1-4-5　苗木统计表(部分)

编号	苗木名称		苗木规格(cm)		数量标准	备注*
	学名	中文名	胸径	苗高 × 冠幅		
1	*Bauhinia purpurea*	羊蹄甲	12~15	500×300	142 株	
2	*Lagerstroemia speciosa*	大花紫薇	12~15	500×300	46 株	
3	*Delonix regia*	凤凰木	20 以上	600×400 以上	5 株	
4	*Lagerstroemia indica*	紫薇	—	200×120	34 株	
5	*Chrysalidocarpus lutescens*	散尾葵	—	*h*350	313 丛	自然高,每丛主枝 4 个以上
6	*Cycas revoluta*	苏铁	—	*h*120	5 株	自然高,叶片数 50
7	*Bougainvillea spectabilis*	三角梅	—	40×40	1272 盆	9 盆 /m²

编号	苗木名称		苗木规格（cm）			数量标准	备注*
	学名	中文名	胸径	苗高 × 冠幅			
8	*Ficus microcarpa* 'Golden leaves'	黄金榕	—	100 × 100		1217 盆	4 盆/m²
9	*Codiaeum variegatum*	变叶木		25 × 20		28 859 袋	36 袋/m²
10	*Monstera deliciosa*	龟背竹	—	40 × 4（片叶）		5247 袋	36 袋/m²

*备注栏通常对苗木的名称、规格、形态、种植密度进行补充。

2）绘制要求及方法

（1）绘制要求

● 种植施工图首先要确定种植点的位置，通过种植点来确定植物的位置、种植密度、种植结构、种植范围及种植形式。

● 图纸上还需注明关键性的文字，如总结性的内容、特别说明的内容等。

（2）制图方法

①总图与分图、详图　设计范围的面积有大有小，技术要求有简有繁，如果都只画一张平面图，很难表达清楚设计思想与技术要求。如果设计范围面积大，设计者通常采用总平面图（表达不同功能区域之间的关系，总的苗木统计表）、各平面分图（表达在一个图中各地块的边界关系，该分区的苗木统计表）、各地块平面分图（表达地块内的详细植物种植设计，该地块的苗木统计表）和重要位置的大样图四级图纸来进行图纸文件的组织与制作，使设计文件能满足施工、招投标和工程预结算的要求。

②种植形式的标注　从制图规范和方便标注的角度出发，点状种植、片状种植和草皮种植3种植物种植形式可用不同的方法进行标注。

点状种植　有规则式种植与自由式种植两种。对于规则式的点状种植（如行道树、阵列式种植等），可用尺寸标注出株行距、始末树种植点与参照物的距离。而对于自由式的点状种植（如孤植树），可用坐标标注清楚种植点的位置或采用三角形标注法进行标注。点状种植往往对植物造型形状、规格的要求较严格，应在施工图中表达清楚，除利用立面图、剖面图表示以外，还可用文字加以标注，并与苗木统计表相结合，用DQ、DG 加阿拉伯数字分别表示点状种植的乔木、灌木。植物的修剪和造型代号可用罗马数字Ⅰ、Ⅱ、Ⅲ、Ⅳ等表示，分代表自然生长形、圆球形、圆柱形、圆锥形等。

片状种植　是指在特定的边缘界线范围内成片种植乔木、灌木和草本植物（除草皮外）的种植形式。对这种种植形式，施工图应绘出清晰的种植范围边界线，标明植物名称、规格、种植密度等。对于边缘线呈规则的几何形状的片状种植，可用尺寸标注法标注，为施工放线提供依据；对边缘线呈不规则的自由线的片状种植，应绘方格网放线图。

草皮种植　是在上述两种种植形式的种植范围以外的绿化种植区域种植，图例用打点的方法表示，标注应标明草种名称、规格及种植面积。

3）制图规范

（1）图例

图例应当优先采用以"圆圈 + 填充符号"的形式表示，其中以圆圈和"+"进行组合构成的图例，需对其中的"+"这一符号设置为 0.8mm 的线粗。圈线与图例连线线粗同为 0.2mm。特色树种如旅人蕉、棕榈科植物、松柏类植物，特殊位置的植物，以及特色开花植物、色叶植物，可选取特殊图例表示，但选用的图例应以简单为宜，不宜过于复杂。所有特殊图例线粗设为 0.13mm，图例连线线粗为 0.1mm。

（2）图幅与出图比例

为方便施工人员施工、读图，施工图图幅最大以 A1 为宜，个别图纸可根据需要使用加大的图幅。分区图比例不宜超出 1∶300，常用比例以 1∶300、1∶250、1∶200 为宜。

（3）连线及标注线

乔木及散植灌木标注线应标在图例中心点上，位于连线的末端，标注线与连线线粗均为 0.18mm。特殊图例连线线粗为 0.1mm，标注线带实心圆点，实心圆点直径为 1mm，标注线线粗 0.18mm。

地被植物标注线带实心圆点，实心圆点直径为 1mm。

应采用就近标注原则，避免标注线过长，弱化图例与标注文字的关系。

标注应采用横平竖直的原则，乔木可根据图面情况统一呈 60°、45°、30° 斜拉标注，避免标注方向杂乱。

（4）植物名称标注

植物名称标注应考虑图面整齐。标注线向右拉时，文字要右对齐；标注线向左拉时，文字要左对齐。同一方向的标注尽量在竖向上对齐；地被植物标注尽量成组叠加，但应明确标示上下或内外顺序。

（5）数量标注

乔木与散植灌木的数量标注紧跟植物名称之后，略去单位以阿拉伯数字表示，如"樟树 3"表示 3 株樟树。

片植灌木及地被植物、草坪的数量标注紧跟植物名称之后，略去单位以阿拉伯数字表示，如"沿阶草 30"表示 30m² 沿阶草。

藤本植物的数量以米为单位，不以株或平方米计算，应直接标注其长度，如炮仗花 16m。

（6）图纸规范要求

图纸表达需要在强调种植设计这一重点内容的同时明确硬质景观与软质景观之间的边界，边界线粗设为0.15mm，硬质铺装填充层关闭，建筑底图应设置为60%淡显。房地产项目尽量使底图的大部分建筑横平竖直，与标注线保持一致。

乔木图中的连线应只反映同一植物组合的配置，避免跨路、跨建筑长距离连线，尽量不与其他连线相交。若相交不可避免，则以弧线与其他连线相交。

地被图中的草坪须填充草的图案，以区别片状无图案填充的地被。

图名称的字体为大号详图名称的字体，高8mm，高、宽比1:0.85。

图内的说明为小号字，高3mm，高、宽比1:0.85。

指北针必须指向上方（45°~135°），与索引图一并置于图纸右上方。如果北向超过图纸范围，指北针宜指向左方，图面和有关文字一并竖向布置。

简答题

（1）园林植物景观设计过程一般分为哪几个阶段？各阶段的主要工作内容是什么？

（2）园林植物景观种植设计中，哪一环节最为关键？植物选择需要考虑哪些方面的因素？请详细阐述。

（3）植物景观施工图设计中，施工节点大样图的绘制有哪些要求？其目的是什么？需要注意哪些细节？

实训题

根据以下给定的园林植物景观设计任务书，完成其植物景观的初步设计。

宿迁某居住小区植物景观设计任务书（简化版）

1. 项目名称：宿迁某居住小区绿化工程项目。
2. 项目地点：中国信述。
3. 建设规模：总占地面积12 221.961m²。
4. 设计任务及要求：

场地分析	周围环境	城市居住区（周边城市界面、城市延展界面等）
		自然环境资源（地形、高程、坡度、坡向、汇水、防洪等）
	场地条件	根据场地分析得出对项目有利和不利的因素，注意该项目7期、8期原有山地原生树木的保护
设计构思	平面布局	深化之前的主题和风格要求以及明确相关的功能配置
	设计意境	注重领域感、仪式感、风情感、序列感及标示性等氛围营造
	空间节奏	注意空间节奏的控制与把握

5.场地范围：如图1-4-18、图1-4-19所示。

6.概念设计阶段成果要求：前期分析图、构思分析图、彩色总平面图（1∶800）、景观分析图、典型剖面分析、相关意向图。

图1-4-18　场地现状航拍

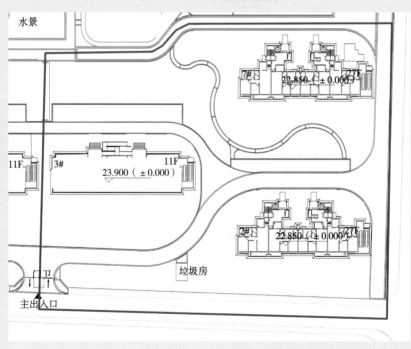

图1-4-19　场地红线与设计范围

模块 **2 实践篇**

项目 1

园林植物与其他园林要素组景

任务 1　园林植物与建筑小品组景

学习目标

■ 知识目标：

（1）熟练掌握园林植物对建筑的作用。

（2）熟练掌握园林植物与建筑结合设计注意事项。

（3）熟练掌握建筑入口、窗前、墙体、角隅等植物景观设计基本理论。

（4）熟练掌握环境小品与植物景观设计基本理论。

■ 技能目标：

（1）能够进行建筑入口、窗前、墙体、角隅等植物景观设计。

（2）能够进行环境小品植物景观设计。

■ 素质目标：

（1）培养因地制宜的设计思想。

（2）培养艺术与文学修养。

（3）培养整体观。

（4）培养精益求精的工匠精神。

任务描述

1）场地概况

某小区拟在图 2-1-1 所示的范围中进行居住建筑附属绿地设计。该场地呈不规则形，东西长约 50m，南北宽约 12m，地势整体平坦，高差可忽略不计。西面临小区主路，宽 8m，东、北两侧为建筑组团内的支路，宽约 4m。场地内有一栋 5 层高的住宅建筑，坐北朝南，北侧为建筑入口。

2）设计要求

如图 2-1-2 所示，此项任务已进行道路的铺设，现只需完成小尺度空间内的场地

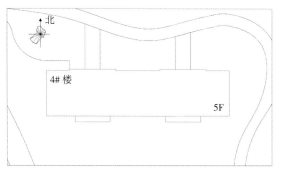

图 2-1-1　居住建筑现状平面图

图 2-1-2　建筑道路设计图

现状与植物的组合搭配设计，尽量营造一个舒适而美好的休憩场所。

任务分析

场地分析：是在设计准备阶段进行的。场地分析的详略很大程度上取决于前期对基地现状资料的收集，而分析的结果又能直接影响到之后的概念设计乃至设计成果。因此，在进行场地分析时，应尽可能翔实和具体。例如，分析场地与周边用地的关系，城市道路与场地的关系，场地自身的条件如土壤、地基、日照、小气候等。

综合分析：就建筑布局的基本方法、道路交通和园林景观的关系处理、小区多类型人群的使用功能需求、小区文化的挖掘和表现等各个方面的内容做综合评析和比较分析。学会用箭头、各种线形、圆圈符号进行场地分析图的表达，记录分析和思考的过程。

概念设计：又分为两个阶段。第一个阶段主要是在调研分析的基础上，结合设计任务书、居住区自身的条件和业主的想法采用功能分析的方法，以较为简单直观的图解方式表明各功能空间的围合关系，同时，提出设计立意，将景观设计的主要意图配以简要的文字加以阐述。第二个阶段则为对重点场所的景观设计辅以更为明确的节点意向图进行详细阐述，即对方案进行修改完善，通过与业主、建筑师的反复沟通和交流，形成较为成熟的景观概念设计。这一阶段应明确各功能空间、道路广场以及中心景区的设计，局部平面可放大细化，效果图应突出所需表达的主体。

任务要求

（1）要结合现状，因地制宜。

（2）设计应以植物造景为主，要求充分利用植物材料自身的特性，考虑住宅安静休息区的使用需求及特点，进行合理的植物配置。

（3）进行植物品种选择与要素搭配时能够最大限度地发挥其景观功能。

（4）植物配置尽可能利用原有树木，结合不同的生长环境合理配置植物。

材料及工具

测量仪器、手工绘图工具、绘图纸、绘图软件（AutoCAD、Photoshop、SketchUp）、计算机等。

知识准备

建筑塑造的人工美可以与周围植物的自然美相辅相成。植物丰富的色彩变化、柔和多样的线条、优美的姿态增添建筑的美感，使之产生一种动感而具有季相变化的感染力，使建筑与周围的环境相映成趣。

1. 建筑与园林植物的关系

1) 建筑对园林植物的作用

建筑的风格直接影响着植物配置的形式，如南京中山陵是中国近代伟大的民主革命先行者孙中山先生的陵寝，建筑群均为规则式布置，为了渲染庄严肃穆的气氛，其植物配置形式以规则式为主（图2-1-3）。在建筑的围合下，小气候环境发生了改变，为植物提供了良好的生长环境条件，如南京瞻园的连廊营造出适合植物生长的小空间环境（图2-1-4）。园林建筑还可以起背景、框景、夹景的作用。在江南园林中，园林建筑作为背景的植物景观设计案例有很多，其中以粉墙作为背景最胜，"以壁为纸，以石为绘"，种一丛翠竹，置数块湖石，以沿阶草镶边，使院落充满诗情画意。此外，还可利用门、窗、洞对植物景观起到框景、透景的作用，形成"尺幅窗""无心画"，与植物形成很好的构图。图2-1-5所示为南京总统府的一处园门，园门将后面的竹径框于门内，形成很好的框景；图2-1-6所示为扬州寄啸山庄的一个花窗，枇杷被框于花窗之内，形

图2-1-3 南京中山陵

图2-1-4 南京瞻园

图 2-1-5　南京总统府园门

图 2-1-6　扬州寄啸山庄花窗

图 2-1-7　苏州留园闻木樨香轩

图 2-1-8　苏州拙政园荷风四面亭

成一幅自然风景画面。

　　将建筑藏匿于山水自然之中，可将自然美提升到更高的境界。苏州留园的闻木樨香轩是为赏桂闻香所建，四面开敞，周围群植桂花，每逢金秋时节，桂花香味沁人心脾，小轩有题联"奇石尽含千古秀，桂花香动万山秋"，写活了此处的美景（图 2-1-7）；苏州拙政园的荷风四面亭位于荷池之中，夏日，四面荷花，莲叶婷婷，香气清幽，联想其出淤泥而不染的品质，使人产生高洁悠远的感受，亭的抱柱上刻有"四壁荷花三面柳，半潭秋水一房山"的题联，是此处美景的真实写照（图 2-1-8）。

2）园林植物对建筑的作用

（1）衬托建筑，使建筑主体更加突出

　　园林植物能够衬托建筑，使建筑主体更加突出。例如，南京栖霞寺门前列植高大的悬铃木，突出栖霞寺的庄严与悠久历史（图 2-1-9）。

（2）烘托建筑小品的主题和意境

　　合理的植物配置可以强化建筑的主题与意境，如苏州拙政园的海棠春坞是一处读

园林植物与其他园林要素组景

图 2-1-9　南京栖霞寺门前　　　　　　　图 2-1-10　苏州拙政园的海棠春坞

图 2-1-11　杭州植物园的梅园

书、休憩的安静之处，院墙上篆刻着"海棠春坞"的题额，园内种植海棠多株，初春季节，繁花似锦，体现出了建筑及庭院的主题（图 2-1-10）。

在现代园林绿地中，许多建筑小品如雕塑、景墙、铺地都是具备特定文化和精神内涵的功能实体，在不同的环境背景下表达了特殊的作用和意义。如果再加以合理的植物配置，则能突出、衬托、烘托小品本身的主体与精神内涵。如杭州植物园的梅园，其主体建筑为赞梅轩，为了与主体建筑相融合，地面铺装为各种梅花图样，再结合种植多个品种的梅花，彼此相映成趣，体现景观所表达的主题（图 2-1-11）。

园林植物对建筑有着自然的隐露作用。中国园林讲究含蓄美，建筑往往不直接暴露出来，建筑小品在植物掩映下若隐若现是园林中常用的构景手法，如杭州植物园梅园中的香雪亭以及南京栖霞寺的钟楼（图 2-1-12、图 2-1-13）。

（3）丰富建筑小品的艺术构图

植物配置可以丰富建筑小品的艺术构图，对于建筑的空间起到软化及美化的作用。一般来说，建筑的线条比较单调、平直、呆板及生硬，植物可以柔美的姿态、丰富的色彩、变化的季相软化建筑的硬质线条，打破建筑的生硬感，丰富建筑构图。尤其是对于自然环境中依山傍水的园林建筑，往往将植物配置其间，使其与环境融为一体，成为完整的景观。图 2-1-14 为扬州瘦西湖的廊与建筑的衔接处，本为生硬线条组成的灰色空间，但通过竹子的装点变成了供人欣赏的植物景观空间。

（4）赋予建筑时间和空间上的季相变化

建筑的位置和形态是不变的，而植物有季相的变化，春华秋实，盛衰枯荣。当建筑与植物融为一体时，植物的四季变化使建筑环境也呈现出时间和空间上的变化，生机盎然，变化丰富。例如，留园一年四季的植物季相变化，丰富了留园建筑周围的四季景观（图2-1-15）。

图2-1-12　杭州植物园梅园中的香雪亭

2. 建筑性质、风格、朝向与植物景观设计

（1）建筑性质、风格与植物景观设计

①陵墓、寺院等园林建筑的植物景观设计不同性质、风格的建筑形式决定了植物的种类以及配置方式。例如，寺观建筑多以宏大庄严为特色，给人以尊贵、神圣、历史悠久的感受，为了烘托建筑的威严以及悠久历史，寺观园林通常选用树形高大的乔木规则式种植，如南京栖霞寺门前的两株高大的银杏映衬十年之久的栖霞寺（图2 1-16）。

图2-1-13　南京栖霞寺钟楼

图2-1-14　扬州瘦西湖一隅

纪念性的园林如陵园，建筑多以庄严肃穆为主，所以在植物配置上常选用常绿树种，采用规则式的配置以强化庄严的气氛。例如，南京中山陵的主体建筑两旁对植常绿的针叶树（图2-1-17）。

②中国古典皇家园林建筑的植物景观设计　为了体现皇帝至高无上的地位，宫殿建筑群体量宏大、色彩浓重、布局严整、等级分明，其周围常选择姿态苍劲、意境深远的中国传统植物如白皮松、油松、圆柏、青檀、七叶树、海棠、玉兰、银杏、槐、牡丹等作基调树种，规则式种植，来显示王朝的兴旺不衰、万古长青，与皇家建筑十分协调。例如，北京故宫御花园的千秋亭选用牡丹来装点环境（图2-1-18）。

a. 春   b. 夏

c. 秋   d. 冬

图 2-1-15 留园的四季变化

图 2-1-16 南京栖霞寺   图 2-1-17 南京中山陵

③私家园林建筑的植物景观设计 以江南园林为例，园主崇尚自然景观，利用小中见大的手法将祖国的江山美景缩移到有限的园子之中，尽显"咫尺山林"的自然风光。例如，扬州的寄啸山庄以假山掇叠著称，假山常配以水池，模拟山水一色的自然景色（图 2-1-19）。同时，江南园林的园主一般具有很高的文学修养，还会利用写意的手法将内心的情怀物化到植物景观设计中。例如，扬州的个园，园主十分钟爱竹子，他将竹子的气节视为君子的优良品性。明朝的刘凤诰在《个园记》中则将竹子的固本、虚心、节贞视为君子的品性，其诗词"君子见其本，则思树德之先沃其根；

竹心虚，君子观其心，则思应用之势务宏其量。至夫体直而节贞，则立身砥行之攸系者，实大且远"，实则表明园主的君子品性（图2-1-20）。

④岭南风格建筑的植物景观设计 岭南园林是由江南园林、西方园林、当地传统习俗融合衍生出的一种园林形式。岭南园林的建筑自成流派，具有浓郁的地方风格，传统建筑中大量运用木雕、砖雕、陶瓷、灰塑等民间工艺，采用门窗隔扇、花罩漏窗，再配以套色玻璃做成的纹样图案及罗马式的拱形门窗和巴洛克式的柱头。植物种类主要以叶片宽大的植物为主，如芭蕉、棕榈。由于气候的原因，植物繁茂，一年四季郁郁葱葱，所以岭南园林的植物配置结合水、石，组成一派南国风光（图2-1-21）。

图2-1-18　北京故宫御花园的千秋亭

图2-1-19　扬州寄啸山庄

（2）建筑色彩与植物景观设计

植物的颜色能够使建筑物体量突出、色彩鲜明。如南京瞻园红墙黑瓦的延安殿被深绿色的广玉兰烘托得更加鲜明，建筑与植物更加融合（图2-1-22）。

（3）建筑朝向与植物景观设计

自然采光是建筑设计的主要方面，植物景观设计不应影响建筑的自然采光。因此，建筑南向宜以低矮植物为主，进行基础栽植（图2-1-23）。建筑

图2-1-20　扬州个园

北向适宜栽植耐阴植物或者落叶植物（图2-1-24）。而对于墙面绿化，朝向不同，采用的植物材料也不同。一般来说，朝南和朝东的墙面光照较充足，而朝北和朝西的墙面光照较少，当选择攀缘植物时，宜在东、西、北3个朝向种植常绿植物如地锦、薜荔、扶芳藤等（图2-1-25），而在朝南墙面种植落叶植物如地锦、凌霄，以利于朝南墙面在冬季吸收较多的太阳辐射。如扬州寄啸山庄的墙面上选用凌霄作为装饰材料（图2-1-26）。

（4）建筑形体与植物景观设计

建筑形体往往也与植物景观设计密切相关，特别是小型建筑，植物对其形体美的影响更为明显，所以小型建筑的植物景观设计更为精细。如图2-1-27所示为个园一处亭子周围的植物造景，配置十分精细。

图 2-1-21　岭南园林

图 2-1-22　南京瞻园的延安殿

图 2-1-23　建筑南向

图 2-1-24　建筑北向

图 2-1-25　建筑北向墙面绿化

图 2-1-26　扬州寄啸山庄墙面绿化

图 2-1-27　扬州个园亭子

3. 建筑入口、窗前、墙体、角隅等的植物景观设计

优秀的建筑作品可以给人带来艺术的享受，如果加以植物搭配，更具生机与活力。建筑与园林植物之间是相互因借、相互补充的。室外园林植物设计包括建筑入口、窗前、墙体、角隅的植物景观设计，建筑屋顶的植物景观设计以及建筑小品的植物景观设计等。

1）建筑入口植物景观设计

建筑入口是视线的焦点，植物配置通过精细设计，可以给人留下深刻的第一印象。入口处的植物景观往往具有标志和引导的作用，植物配置通常进行规则式设计，采用对植、列植或丛植的形式（图 2-1-28）。也有的入口空间采取草坪、花坛、树木相结合的方法进行强化、美化（图 2-1-29）。

一般建筑入口的植物配置首先要满足功能要求，不阻挡视线，不影响正常通行。某些情况下，在特殊方向上可有意挡住视线，使入口若隐若现，起到欲扬先抑的作用。建筑的入口性质、位置、大小、功能各异，在植物配置时要充分考虑相关因素。

另外，常充分利用门的造型，即以门为框，通过植物配置，与路、石等进行精细的艺术构图，不但可以入画，而且可以扩大视野，延伸视线。此外，造型独特的园门还可以增加框景的情趣（图 2-1-30）。

2）建筑窗前植物景观设计

植物与窗户高矮、大小、间距的关系，以不遮挡视线和不妨碍采光为宜，同时要考虑植物与窗户朝向的关系。东、西向窗最好选用落叶树种，以保证夏季的遮阴和冬季的阳光照射；南向窗户则选择低矮的植物，以不影响采光为度；北向窗户最好选择落叶树种，夏季遮阴，冬季采光。窗框的尺寸是固定不变的，但植物却不断生长，随

图 2-1-28　建筑入口对植

图 2-1-29　建筑入口丛植

图 2-1-30　造型独特的园门

着植物体量逐渐变大，可能会影响原来的构图及采光，所以窗前应选择生长缓慢、变化不大或耐修剪的植物种类，如南天竹、苏铁等，近旁可配置太湖石等石材增添稳固感，动静两相宜（图 2-1-31）。

在江南园林中，植物常作为花窗的框景内容，人安坐室内，花窗外的植物景观俨然形成一幅灵动的画面（图 2-1-32）。无锡蠡园有四季亭，4 个亭子的花窗纹样为体现季节特色的植物。其中，春亭叫"溢红"，图案纹样为梅花；夏亭叫"滴翠"，图案纹样为夹竹桃；秋亭叫"醉黄"，图案纹样为丹桂；冬亭叫"吟白"，图案纹样为蜡梅。四季亭花窗前均配置代表该季节的植物种类。花窗、植物彼此相映成趣（图 2-1-33）。

3）建筑墙体植物景观设计

《国务院办公厅关于科学绿化的指导意见》中强调，加强立体绿化，做到应绿尽绿，不断增强城市生态系统碳汇能力。垂直绿化是立体绿化的一种形式，主要在墙面进行绿化，不仅能大面积地覆盖建筑，增加绿量，而且能装饰建筑墙面，满足了人们在日益紧张的城市空间中希望接触自然的心理。有"世界时尚与设计之都"美誉的意大利米兰的两座摩天"树塔"，是世界上第一对绿色公寓，为分别高 111.25m 和 79.28m 的姐妹楼。沿着外墙体层层种下共 730 株乔木、5000 株灌木和 1.1 万株草本植物，故两座建筑又被称为"垂直森林"，外墙大面积覆盖的植物让大厦内冬暖夏凉，特别是夏季可有效减弱日光的照射（图 2-1-34）。

图 2-1-31　建筑窗前植物配置

图 2-1-32　窗景

a.春

b.夏

c.秋

d.冬

图 2-1-33　四季花窗

园林植物与其他园林要素组景

图 2-1-34　意大利米兰摩天"树塔"　　　图 2-1-35　色彩鲜艳墙体的绿化（朱红霞，2021）

图 2-1-36　灰色墙体的绿化　　　　　　　图 2-1-37　垂直绿化

　　由于现代墙体的形式和表面装饰材料多种多样，植物配置要与墙体协调，注重构图、色彩、机理等的细微处理。在不破坏墙基的情况下，通过植物色彩、质感将人工产物与自然完美融合在一起。若建筑墙体色彩鲜艳、质地粗糙，植物色彩应该选择绿色为主色调来软化建筑墙体质地，在形成对比的同时使其和谐统一（图 2-1-35）；若建筑墙体为灰色调，质地中性，则植物选择较为多样，既可以是彩色植物，也可为绿色植物（图 2-1-36）。利用攀缘植物来修饰墙面是墙体植物景观设计的主要形式，图 2-1-37 即为墙基、墙体相结合营造的立体式植物景观，给人耳目一新的感觉。

　　在江南园林中，常将粉墙作为画纸，在其前面配置观赏植物，以植物自然的姿态与色彩作画，形成美丽的画面（图 2-1-38）。

4）建筑角隅植物景观设计

　　建筑的角隅多，多呈直角，对其进行适宜的植物配置是软化和打破生硬线条的方法。通过植物配置进行缓和点缀时，可选择观赏性强的园林植物（图 2-1-39），如观果、观花、观叶、观干等植物成丛栽植，并且要有适当的高度，最好在人的平视范围内，以吸引人的目光。对于建筑与地面形成的较长的连接处，宜配置较规则的植物，以调和平直的墙面，同时也是统一美的体现。

在江南园林中，墙隅也是植物栽植的重点，利用观赏价值高、层次分明的植物进行配置，软化了墙隅生硬的线条，提升了墙隅的景观效果，使枯燥的空间变成了人们驻足欣赏的具有生命力的美丽空间（图2-1-40）。

5）建筑基础植物景观设计

建筑基础是建筑实体与大地围合形成的半开放式空间，是连接建筑与自然的枢纽地带。一般的建筑基础绿化是以灌木、花卉、藤本植物等进行低于窗台的绿化布置。建筑基础绿化装饰的好坏很大程度上影响着建筑与自然环境的协调与统一。

建筑基础植物配置是美化建筑环境并强化其文化性、功能性的重要手段，而且适宜的植物配置能够使建筑和地面免受烈日暴晒，并能利用植物吸附地面扬尘。在临街建筑进行基础栽植还可以使建筑与道路有所隔离，免受窗外行人、车辆的干扰，减少噪声（图2-1-41）。

建筑基础植物配置要注意以下几点：

• 建筑的高低不同，基础绿化选择的植物不同，绿化方式和效果也各异。基础绿化主要位于主视面，美化功能占主导地位。对于临街建筑，隔音防噪功能也不可忽视。另外，还要注意的是，受建筑物的影响，各朝向形成不同类型的小气候，因此在植物选择上要注意其适应性。

• 植物配置要与建筑的艺术风格相匹配，巧妙运用植物的色彩、质感、形态进行合

图2-1-38　粉墙绿化

图2-1-39　现代建筑角隅绿化

图2-1-40　江南园林墙隅绿化

117

图 2-1-41　墙基绿化

图 2-1-42　花台绿化

理配置，或显或隐，但不可喧宾夺主。

●除攀缘植物外，基础栽植不可离建筑太近，乔木、灌木要与建筑保持适当的距离，以保证室内通风透光。建筑基础植物配置常采用的形式有花境、花台、花坛、树丛、绿篱等。

江南园林建筑基部的花台是最具特色的。江南园林的园主一般都是具有较高文学修养的文人、士大夫，园中用园石搭建花台，上面进行层次分明的植物配置，形成很好的一幅山水画，展现园主寄情山水的情怀（图 2-1-42）。

6）建筑过廊植物景观设计

过廊是建筑之间带状连接用的封闭或半封闭的建筑形式。过廊周围的植物配置主要考虑内外视线的交融和景观的形成。一般宜形成逐步展开的一系列画卷式框景。图 2-1-43 所示分别为南京总统府和瞻园的建筑过廊与植物搭配形成的美丽景色。

4. 环境小品与植物景观设计

1）雕塑与植物景观设计

园林要素对园林空间的营造要有整体性。特别是以雕塑为中心的场所，对空间整体性要求更高。因此，在进行植物景观设计时要注意仔细推敲。具体要注意以下几点：

（1）雕塑与周边植物环境间主、客体的关系要清晰

雕塑若以植物为背景，通过植物生长和季相的变化，能使人产生新的感觉和认识，而且植物背景对表现雕塑内容也会有所帮助，起到突出主题的作用。例如，无锡鼋头渚的"中国游圣"徐霞客雕像、杭州植物园的花仙子雕像的背后都是高大的乔木，映衬雕塑的精致（图 2-1-44）；灌木丛植所形成的天然绿墙背景，能清晰和明确雕塑轮廓，使人更多地关注雕塑的造型（图 2-1-45）；攀缘植物可以用于丰富雕塑形象或弥

a. 南京总统府过廊   b. 瞻园过廊

图 2-1-43   过廊与植物配置

a. 无锡鼋头渚徐霞客雕像   b. 杭州植物园花仙子雕像

图 2-1-44   乔木作为雕像背景

图 2-1-45   灌木作为雕像背景

园林植物与其他园林要素组景

补雕塑在处理中的某些缺陷，使雕塑更好地与自然环境融合；地被植物则会让雕塑更为突出（图2-1-46）。此外，还可以利用植物弥补原主体环境的不足之处或成为雕塑作品的一部分，使雕塑与周边环境融为一体。

（2）植物空间与雕塑空间要有机融合

植物空间与雕塑空间的融合不是简单的空间融合，而是实体空间之间相互凝聚和有机结合，体现的是最终结合后产生的某种心理空间。南京总统府旁的小花园有孙中山的塑像，周围采用广玉兰、松柏类的树种作陪衬，雕塑空间与植物空间共同营造出庄严肃穆的环境，形成了纪念孙中山先生的氛围（图2-1-47）。

（3）要充分应用雕塑环境空间的场效应

植物与雕塑共同组成的空间会产生一个具有视觉吸引力的空间磁场，感染或控制观赏者的思绪。南京雨花台烈士陵园的烈士群雕塑周围松柏常青，象征着革命先烈的忠魂永垂不朽，让来此参观的人回忆起先辈为民族解放、民主自由抛头颅洒热血的壮烈场面，增强了爱国之心（图2-1-48）。

图 2-1-46　草坪作为雕像背景

图 2-1-47　南京总统府旁的小花园

图 2-1-48　南京雨花台烈士陵园雕塑

图 2-1-49　南京栖霞寺地面铺装

2）特色铺装与植物景观设计

特色铺装往往因图案特性而独具一格，从而成为视觉焦点及观赏点。例如，莲花代表着圣洁，与佛教有着不解之缘，是佛教经典中经常提到和佛教艺术中经常见到的象征物，所以在寺观园林中经常能看到莲花的形象。图 2-1-49 所示为南京的栖霞寺，为了营造寺院圣洁、超脱的氛围，地面铺装采用多种莲花纹样来进行装饰。众所周知，扬州的个园以竹著称，园主为了体现对竹的热爱，在地面铺装上也下了很大功夫，用鹅卵石铺设各种姿态的竹子纹样，强化了个园的植物配置特点（图 2-1-50）。

图 2-1-50　扬州个园地面铺装

3）其他园林建筑小品与植物景观设计

园林植物与建筑小品的配置方法有以下几种：

当建筑小品因造型、尺度、色彩等原因与周围绿地环境不协调时，可以用植物来缓和或者消除这种矛盾。如以照明功能为主的灯饰，在园林中是一项不可或缺的基础设施，但是由于其分布较广、数量较多，在位置选择上如果不考虑与其他园林要素结合，将会影响绿地的整体景观效果，而利用植物配置和灯饰结合设计可以解决这个问题。将草坪灯、景观灯、庭院灯、射灯等设计在低矮的灌木丛中、高大的乔木下或者植物群落的边缘位置，既隐蔽，又不影响灯饰的夜间照明效果（图 2-1-51）。又如，在出入口或者重要转折处，指示牌本身具有艺术性和装饰性，和植物搭配在一起，可与周边环境融为一体。图 2-1-52 所示为杭州云栖竹径的一个观赏指示牌，用竹子作为指示牌的框架，可使指示牌与周边环境有机地融为一体。

园林中的花架既可作小品点缀，又可成为局部空间的主景；既是一种可供赏景的建筑设

图 2-1-51　园灯

图 2-1-52　指示牌

施，又是一种立体绿化的理想形式。它可以展示植物枝、叶、花、果的形态和色彩之美，所以具有园林小品的装饰性特点，常设在道路、广场周边甚至屋顶，成为美化与丰富生活环境的重要手段。花架的形式极为丰富，有棚架、廊架、亭架、篱架、门架等。花架也具有一定的建筑功能，花架植物与建筑紧密结合使园林中的人工美与自然美得到极好的统一（图2-1-53）。

座椅是园林中分布最广、数量最多的小品，其主要功能是为游人休息、赏景提供停歇处。从功能的角度考虑，座椅边的植物配置要注意枝下高不应低于2.5m，同时应该做到夏可庇荫、冬不蔽日。座椅设在落叶大乔木下不仅可以带来阴凉，植物高大的树冠也可以作为赏景的"遮光罩"，使透视远景更加明快清晰，使休息者感到空间更加开阔（图2-1-54）。

景墙、园墙、栏杆、道牙等起到分隔、装饰等作用，在其周围进行合适的植物配置，可以柔化、覆盖、遮挡建筑小品的棱角线条，美化环境。图2-1-55所示为南京总统府一面景墙的植物配置，景墙前配以红花檵木和其他植物，可柔化景墙僵硬的线条，提升景墙的景观效果。图2-1-56所示为杭州植物园园墙的植物配置，园墙上配置攀缘植物，园墙前配以南天竹等植物进行装点，柔化了园墙及角隅僵直的线条。图2-1-57所示为杭州西湖栏杆，其上配置攀缘植物，形成很好的自然景观。图2-1-58

图2-1-53　花架与植物的完美结合

图 2-1-54　座椅边的植物配置

图 2-1-55　南京总统府景墙　　　　　　　图 2-1-56　杭州植物园园墙

图 2-1-57　杭州西湖栏杆　　　　　　　图 2-1-58　杭州太子湾公园园路的道牙

园林植物与其他园林要素组景

123

所示为杭州太子湾公园，园路的道牙利用园林植物来装点，使其与周围的自然环境融为一体。

任务实施

1）根据现状特点和功能分区绘制泡泡图

此为制订设计方案的第一步，也是最重要的一步，是对环境、功能、景观结构、道路流线进行分析的主要步骤。此步的目的是协助生成设计方案，并检查在各个不同功能空间中可能产生的困难及与各设计因素间的关系。在此，设计者力求将不同的功能安排到不同空间中，使功能与形式成为一体（图2-1-59）。

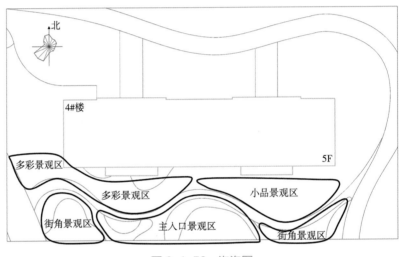

图2-1-59 泡泡图

2）结合泡泡图确定该绿地的种植设计风格和规划布局方法

（1）组团景观结构与设计

泡泡图表示住宅景观的理想功能分区。整体要求：景观空间以公共绿地为核心，将分布在区内的组团连为一体，每个组团在整体风格统一的同时又各具特点，也使得组团内的小公共绿地真正成为业主共享的半私密空间。在住宅区间形成互动性更强的景观系统，满足功能与景观的要求。充分利用地形与建筑围合、划分和组织空间，满足社区环境在安全、方便、舒适、公共性和私密性等方面的要求，形成多层面的空间形式。如疏林加缓坡形成开阔的疏林草坪景观，不同功能性小道形成幽静的景观，也可以考虑蜿蜒的溪流和山石形成自然水景等。同时，设计中应合理利用景观遮挡或弱化环境中的设施和设备。

（2）植物配置及通用要求

结合住宅区朝南方向的场地特征，多采用喜光植物品种，以常绿、彩叶植物为主，营造四季开花、绿树围墙的植物景观，用于满足防护及游赏的需求。采用的落叶树种有石榴、柿树、龙爪槐、银杏、合欢、梧桐、红枫、丁香、紫玉兰、樱花、紫叶李、西府海棠、碧桃、珍珠梅等；常绿树种有广玉兰、冬青球等。此外，选择树种时注重乔木与灌木、常绿树与落叶树及异龄乔木相互搭配，形成层次和季相变化（图 2-1-60、图 2-1-61）。

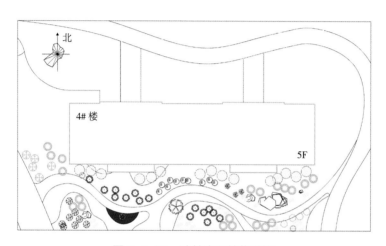

图 2-1-60　建筑南面植物配置

⊛ 柿 树	⊕ 高干女贞	✿ 垂 柳	❋ 龙爪槐	⊙ 银 杏	⊛ 广玉兰	❋ 紫玉兰
⊛ 白玉兰	⊛ 五角枫	⊛ 合 欢	❋ 梧 桐	⊛ 悬铃木	⊛ 樱 桃	⊙ 石 榴
⊛ 紫 薇	✸ 红 枫	⬭ 火 炬	⊛ 紫 荆	❋ 丁 香	⊛ 木 槿	⊛ 樱 花
竹 子	○ 紫叶李	⊙ 西府海棠	⊛ 芍 药	⊛ 牡 丹	✳ 剑 麻	⊚ 珍珠梅
⊛ 红王子锦带	⊛ 红瑞木	⊛ 紫叶矮樱	⊙ 碧 桃	○ 冬青球	⊛ 小叶女贞球	⊙ 金叶女贞球
连 翘	◎ 金边彩叶草球	✿ 榆叶梅	⊞ 美人蕉	▦ 中红	□ 金边彩叶草	▦ 彩叶草
▦ 丰花月季	⊡ 玉 簪	▢ 萱 草	▢ 万寿菊	金叶女贞	■ 紫叶小檗	▨ 小龙柏
□ 五彩石竹	⊞ 矮牵牛	▤ 鸡冠花	□ 草 坪			

图 2-1-61　植物名录

3）绘制总平面图，表现其色彩效果

如图 2-1-62 所示。

巩固训练

以同样的方法将图 2-1-1 中建筑以北地块的方案补充完整，并做出植物的合理配置。

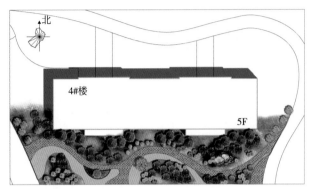

图 2-1-62 总平面图

任务2 园林植物与道路组景

■ 知识目标：

（1）了解道路绿地的作用。

（2）熟练掌握城市道路绿地景观设计基本理论。

（3）熟练掌握园林道路绿地景观设计基本理论。

（4）熟练掌握高速公路绿地景观设计基本理论。

■ 技能目标：

（1）能够进行城市道路绿地景观设计。

（2）能够进行园林道路绿地景观设计。

（3）能够进行高速公路绿地景观设计。

■ 素质目标：

（1）培养艺术和文化修养。

（2）培养因地制宜的设计思想。

（3）培养整体观。

（4）培养精益求精的工匠精神。

任务描述

1）场地概况

某城市拟在图 2-1-63 所示的范围进行街旁绿地设计。该场地呈长方形，东西长 100m，南北宽 20m，地势整体平坦，局部有点高差，约为 1.2m。南面、西面及东面临

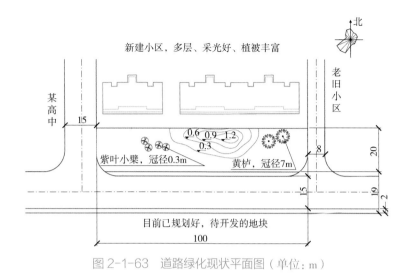

图 2-1-63　道路绿化现状平面图（单位：m）

城市主干、次干道路，北面临新建居住区。场地内部保留有 6 株原有树木。

2) 设计要求

如图 2-1-64 所示，此项任务已进行了道路铺设，现只需完成小尺度空间内的场地现状与植物配置的组合搭配设计，尽量营造一个舒适而美好的休憩场所。

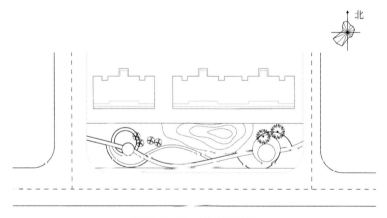

图 2-1-64　道路设计图

任务分析

1) 场地周围环境分析

首先，该场地西侧紧邻学校，应考虑到学校周围环境的特点，提供一些活动集散广场，相应的植物应当选用分枝点比较高的植物种类，提供一些林下活动空间；其次，场地周围的道路车流量较大，道路交叉口的绿地设计要考虑到行车时的视线遮挡问题，尽量以低矮灌木为主；最后，场地东侧为老旧小区，设计时需要考虑提供一些游憩、休闲的活动区域。

2）场地内部地形分析

场地中部区域有一微地形，设计方案上应充分体现地形的作用，微地形上的植物种类尽量以草本植物为主，结合周围的植物形成层次分明的植物景观。

3）场地现状植被分析

6株原有树木应当保留，树形优美的大树或彩叶树及观花树等可与草地结合，以供观赏，并可结合铺装形成林下休憩空间，形成丰富的景观效果。

任务要求

（1）要结合当地环境特点，构思细腻，立意新颖，设计的方案能够体现出场地周围环境特征。

（2）街旁绿地的设计方案要有明确的功能要求，并满足周围环境的要求，合理布局。

（3）因地制宜地确定街旁绿地中的主要景观内容和相关设施，体现出多种功能。

（4）植物选择要恰当合理，并能够运用合理的植物种植形式，符合构图规律、造景手法与色彩搭配原则，使植物能够与道路、建筑相协调，空间层次分明。

（5）尽可能利用原有树木，结合不同的生长环境合理配置植物。

材料及工具

测量仪器、手工绘图工具、绘图纸、绘图软件（AutoCAD、Photoshop、SketchUp）、计算机等。

知识准备

道路绿地是美化城市道路系统、改善城市空气质量的一种绿地。道路绿地以"线"的形式将点状的街头绿地与面状的公园绿地联系起来，组成完整的绿地系统。

1. 道路绿地的作用

（1）改善环境

汽车所排放的废气是城市交通最主要的污染源。随着工业化程度的提高，道路上行驶的汽车越来越多，所排出的废气与日俱增，使道路的空气质量急剧下降。植物对有毒气体有一定的吸收作用，还能够吸收灰尘。沿着道路种植植物，可以有效地改善道路的空气质量。此外，城市环境中70%~80%的噪声来自城市交通，街道的噪声会对临街而住的居民带来十分不利的影响。如果有一定宽度的绿化带，可以明显降低噪声，为临街居民营造一个安静的居住环境。

道路绿地在一定程度上还可以调节周围环境的温度、湿度，改善小气候，降低风速，以及吸收太阳辐射等。

（2）美化环境

道路绿地是城市绿地系统的重要组成部分，园林植物在形态、色彩、质地等方面独具自然美，将植物材料通过艺术原理进行配置，可提升道路的景观效果，美化环境。以行道树为例，南京总统府门前的悬铃木行道树就形成了一道风景（图2-1-65）。

（3）组织交通

在道路中间设置绿化分隔带可以减少对向车流之间的互相干扰，尤其是夜间，可以有效地防止对向车辆的眩光；植物的绿色在视觉上给人以柔和而安静的感受，在交叉口布置交通岛，常用树木作为诱导视线的标志，可以有效地缓解交通拥挤与堵塞问题；在行车道和人行道之间建立绿化带，既可给行人提供优美的行走环境，避免行人横穿马路，保证行人安全，也有利于提高车速和通行能力。

（4）为市民提供休闲场所

道路绿地除了行道树、交通岛和各种绿化带以外，还有面积大小不同的街道绿地、城市广场绿地、公共建筑前的绿地。这些绿地内经常设有园路、广场、坐凳、小型休息建筑等，有些绿地内还设有老人活动区和儿童游乐区等，为市民提供一个很好的休闲场所（图2-1-66）。

图2-1-65 道路绿地美化环境

图2-1-66 道路绿地为市民提供休闲场所

2. 城市道路绿地景观设计

1）城市道路绿地景观设计原则

城市道路绿地景观设计应统筹考虑道路的功能性质、人行及车行要求、景观空间构成、立地条件、与市政及其他设施的关系等。具体要遵循以下原则。

（1）与城市的性质、功能相适应

城市道路的发展与城市发展是紧密相连的。现代城市道路系统受城市布局、地形、气候、地质、水文及交通方式等因素的影响，由不同性质和功能的道路所组成，是一个复杂的多层次道路系统。由于道路的性质和功能不同，所以道路绿地设计也有所不同。例如，居住区道路与交通干道相比，由于功能不同，道路宽度不同，因此其绿化树种在高度、树形、种植方式上也有所不同。

（2）与交通、各类市政公用设施进行统筹安排

城市道路绿地景观设计要符合行车视线要求和行车净空要求。在道路交叉口视距三角形范围内和弯道转弯处的树木不能影响驾驶员的视线。在弯道外侧的树木沿道路边缘整齐连续栽植，预告道路线形变化，诱导行车视线。在各种道路一定宽度和高度范围内的车辆运行空间中，不得有树冠和树干。同时，要利用道路绿地的隔离、屏挡、通透等交通组织功能设计绿地。

对城市道路绿地与市政设施要进行很好的统筹安排。布置市政设施如路灯、配电箱等，应给树木留有足够的立地条件和地上、地下生长空间，以保证树木的正常生长发育（图2-1-67、图2-1-68）。新栽的树木应避开市政设施。

（3）充分发挥生态功能

城市道路系统的空气质量不高，主要源于汽车尾气和尘埃，而园林植物有吸附尘

图2-1-67　路灯与植物结合

图2-1-68　配电箱与植物结合

埃、吸收有毒有害气体、降低噪声、降温遮阴等改善环境质量的生态功能。在城市道路绿地景观设计中，应充分发挥园林植物的生态功能，利用多种设计手法，使其生态效益最大化。例如，可以将乔木、灌木、地被植物相结合，在有限的面积内，植物种植层次丰富，使单位面积所产生的生态效益有所增加。

（4）合理配置园林植物，营造优美景观

园林植物不仅具有生态功能，同时还有很强的观赏价值。例如，其色彩、线条、姿态等都具有很高的观赏特性。在进行城市道路绿地景观设计时，应充分利用植物的观赏特性来合理有效配置园林植物，营造出"三季有花、四季常青"的园林植物景观。另外，每个城市都有乡土树种和具有地域特色的园林植物，在进行道路绿化时，既要考虑到美观的要求，也要考虑到城市的地域特色。

2）城市道路绿地断面布置形式

城市道路绿地断面布置形式与道路横断面的组成密切相关。我国现有道路多采用一块板式、两块板式、三块板式、四块板式，相应道路绿地断面则出现了一板两带式、两板三带式、三板四带式及四板五带式。

（1）一板两带式

这是最常见的城市道路绿地断面布置形式，中间是行车道，在行车道两侧的人行道上种植一行或多行行道树。其优点是：整齐简单，用地经济，管理方便。但当行车道过宽时，行道树的遮阴效果较差；相对单调，且不利于机动车辆与非机动车辆混合行驶时的交通管理。多用于城市支路或次要道路（图2-1-69）。

（2）两板三带式

即分成单向行驶的两条行车道和两行行道树，两条单向行驶的行车道中间以一条绿带分隔。绿带中可种植乔木，也可以只种植草坪、宿根花卉、花灌木。绿带宽度不宜小于2.5m，以5m以上景观效果为佳（图2-1-70）。这种形式适于宽阔道路，绿带面积较大，生态效益较显著，多用于高速公路和城市入口道路。由于不同类型车辆同向混合行驶，该形式也不能完全解决互相干扰的问题。

（3）三板四带式

利用两条绿带把行车道分成3条，中间为机动车道，两侧为非机动车道，连同行车道两侧的行道树共为4条绿带。绿带中以种植花灌木和绿篱植物为主，绿带宽度在2.5m以上时可种植乔木（图2-1-71）。虽然这种形式的绿地占地面积大，但这是城市中很理想的绿地形式，其绿化量大，组织交通方便，安全可靠，解决了各种车辆混合行驶相互干扰的问题。

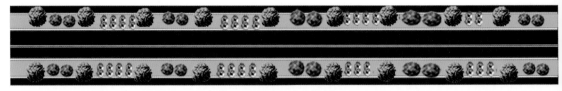

图 2-1-69　一板两带式

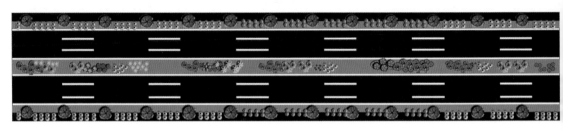

图 2-1-70　两板三带式

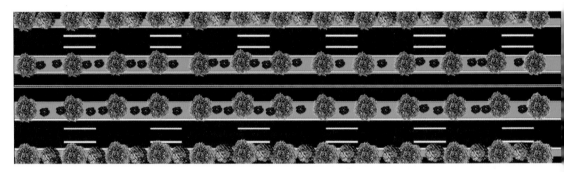

图 2-1-71　三板四带式

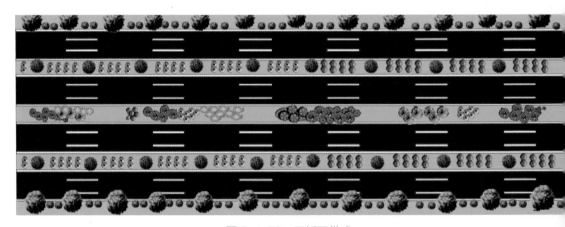

图 2-1-72　四板五带式

（4）四板五带式

利用 3 条绿带将行车道分隔成 4 条，使机动车和非机动车都按上、下行各行其道而互不干扰，保障行车安全。这种形式适于车速较快的城市主干道（图 2-1-72）。

（5）其他形式

按道路所处地理位置、环境条件等，因地制宜地设置绿带，如山坡道、水道的绿化。

3）城市道路绿地景观类型

城市道路绿地是指城市道路红线范围内的带状绿地，包括人行道绿带、分车带绿带、交通岛绿地、道路交叉口绿地、林荫道和步行街绿地。

（1）人行道绿带

人行道绿带是指从行车道边缘至建筑红线之间的绿地，包括人行道和行车道之间的隔离绿地（行道树绿带）。人行道绿带既起到将人行道与嘈杂的行车道分隔的作用，也为行人提供安静、优美、遮阴的环境。

①**行道树绿带设计**　行道树绿带布置在人行道和行车道之间，主要为行人和非机动车提供遮阴，以种植行道树为主。其宽度应根据道路性质、类别和对绿地的功能要求以及立地条件等综合考虑而决定。绿带较宽的情况下，可以考虑乔木、灌木、地被植物相结合的多层次混交配置，防护功能强，景观效果明显（图2-1-73）。

②**行道树树种选择**　一般行道树的立地条件恶劣，根系生长范围小，周围空气干燥，地上部分要经受强烈的太阳辐射、烟尘与有害气体的危害，频繁的机械和人为损伤，以及管线的限制等，因此树种的选择要求比较高。要遵循以下原则：适应当地生长环境，移栽容易成活，生长迅速而健壮；管理简便，对水肥要求不高，耐修剪，病虫害少；树冠整齐，树干挺拔，冠大荫浓，遮阴效果好；根系深，抗风能力较强，抗逆性强；无刺；花果不易脱落和污染路面，不挥发臭味及有害物质，无飞絮，不招引昆虫。

③**行道树种植**
A.行道树的种植形式主要有两种：树池式和树带式。

图2-1-73　行道树绿带设计

图2-1-74　树池式

图2-1-75　树带式

树池式：在行人多而人行道窄的路段，多采用树池式种植（图2-1-74）。

树带式：在行人量不大的路段，在人行道和车行道之间留出一条不加铺装的种植带。树带式种植有利于行道树生长（图2-1-75）。

B.行道树株距及定干高度的确定：行道树株距的确定要考虑交通的要求、树种特性、苗木规格等因素，同时不妨碍两侧建筑内的采光，一般不宜小于4m。若行道树为高大乔木，其株距可调整为6~8m，以保证必要的营养面积，使其正常生长，同时也便于消防、急救、抢险等车辆在必要时穿行。树干中心至路缘石外侧不得小于0.75m，以利于行道树的栽植和养护。行道树的枝下高是有一定要求的，根据分枝角度不同，一般应在2.5~3.5m，以保证车辆、行人安全通行。

（2）分车带绿带

分车带绿带是指行车道之间可以绿化的分隔带。包括中央分车带和两侧分车带（即快、慢车道隔离带），起着疏导交通和安全隔离的作用，目的是将人流与车流分开，并将机动车辆与非机动车辆分开，保证不同类型的车辆能快速、安全行驶。

①分车带绿带设计原则　分车带的宽度差别较大，目前我国各城市道路中的两侧分车带宽度一般不能小于1.5m，通常都在2.5~8m，但在不同的地区及地段会有所变化。在有些情况下，分车带绿带会作为道路拓宽的备用地，同时是铺设地下管线、营建路灯等照明设施、公共交通停靠站以及竖立各种交通标志的主要地带。

为了便于行人过街，分车带应进行适当分段，一般每段长度以75~100m为宜，并尽可能与人行横道、停车站、大型商店和人流集中的公共建筑出入口相结合。

②中央分车带设计　中央分车带应能阻挡相向行驶车辆的眩光。应选择株高0.6~1.5m的灌木（灌木球）、绿篱等枝叶茂密的常绿树，其株距应小于冠幅的5倍。常见的中央分车带种植形式主要有绿篱式、整形式和图案式等（图2-1-76）。

图2-1-76　中央分车带

图2-1-77　两侧分车带

③**两侧分车带设计**　两侧分车带距交通污染源最近，其绿化所起的减少灰尘、降低噪声的效果最好，并且对行人和非机动车有庇护作用。因此，应尽量采取复层混交配置，扩大绿量，以提升保护效果。

两侧分车带的植物配置应视绿带的宽度而定，如果宽度大于2.5m，可采用乔木、灌木、绿篱、草坪和花卉相结合的形式，景观效果最好（图2-1-77）。

（3）交通岛绿地

交通岛在城市道路中主要起疏导与指挥交通的作用，是为了回车、控制车流行驶路线、约束车道、限制车速和装饰街道而设置在道路交叉口范围内的岛屿状构造物。交通岛绿地分为中心岛绿地、导向岛绿地和安全岛绿地。

①**中心岛绿地**　中心岛是设置在交叉口中央，用来组织左转弯车辆交通和分隔对向车流的交通岛，俗称转盘。中心岛外侧汇集了多处路口，为保证清晰的视野，便于绕行车辆的驾驶员准确、快速识别路口，一般不种植高大乔木，忌用常绿乔木或大灌木，以免影响视线；也不布置供行人休憩的小游园，以免分散驾驶员的注意力。通常以布置草坪、花坛为主，或以低矮的常绿灌木组成简单的图案纹样，外围栽种修剪整齐、高度适宜的绿篱，但在面积较大的环岛上，为了增加层次感，会在中心岛中心部分配置零星的乔木。

②**导向岛绿地**　导向岛用以指引行车方向、约束车道、使车辆减速转弯，保证行车安全。导向岛景观布置常以草坪、花坛或地被植物为主，不可遮挡驾驶员视线。

③**安全岛绿地**　在宽阔的道路上，行人横穿道路时为躲避车辆需要在道路中央稍做停留，这时应当设置安全岛。安全岛除了为行人提供片刻停留的场地外，还应种植一些植物，可种植草坪或结合地形进行其他种植设计（图2-1-78）。

园林植物与其他园林要素组景

图2-1-78　安全岛绿地

图2-1-79　平面交叉口绿地

（4）道路交叉口绿地

道路交叉口绿地包括平面交叉口绿地和立体交叉口绿地。

①平面交叉口绿地　为了保证行车安全，在进入道路的交叉口时，必须在道路的转角处空出一定的距离，使驾驶员在这段距离内能看到即将迎面驶来的车辆，并有充分的刹车和停车的时间而不致发生撞车。这种从发觉对方车辆立即刹车到刚能够停车的距离，称为安全视距。安全视距的大小，随道路允许的行驶速度、道路的坡度、路面质量而定。根据两条相交道路的两个安全视距，可在交叉口平面图上形成一个三角形，即视距三角形。在此三角形内不能有建筑物、构筑物、树木等遮挡驾驶员视线的地面物。在配置植物时，其高度不得超过0.7m，或在视距三角形之内不配置任何植物（图2-1-79）。

②立体交叉口绿地　立体交叉口是指不在一个平面上的道路的交叉口。高速公路与城市各级道路相交及快速路与快速路相交时，必须采用立体交叉口，可使两条道路上的车辆各自保持其原来的车速前进，互不干扰，是保证行车快速、安全的措施。

立体交叉口绿地包括立体交叉口绿岛和立体交叉口外围绿地。其设计应服从于城市道路的总体规划要求，与整个城市道路的绿地相协调；要与周围的建筑、广场等的植物景观相结合，形成一个整体。为了适应驾驶员和乘客的瞬间观景要求，适合采用大色块的花坛设计，并且要求简洁明快，与立交桥的宏伟气势相协调。在进行植物设计时，应注意体现其季相特征，尽量做到常绿树与落叶树相结合，乔木、灌木、草本植物相结合（图2-1-80、图2-1-81）。

（5）林荫道和步行街绿地

①林荫道的植物造景　林荫道也称带状街头休憩绿地，一般与道路平行并具有一定宽度。林荫道利用植物与行车道隔开，在其内部不同地段辟出各种不同的游憩场所，有简单的园林设施，供行人和附近的居民进行短时间休息。在城市绿地不足的情况下，林荫道可起到小游园的作用。它扩大了居民的活动场所，同时增加了绿地面积，对改

图2-1-80　立体交叉口绿岛　　　　　　　图2-1-81　立体交叉口外围绿地

善城市小气候、组织交通、丰富城市街景有很大作用。

A. 林荫道的类型：

设在道路中间的林荫道　两边分别为上、下行的行车道，中间有一定宽度的绿带，较为常见。主要供行人和附近居民暂时休息用。此类型多在交通量不大的情况下采用，出入口不宜过多。

设在道路一侧的林荫道　林荫道设立在道路的一侧，减少了行人与行车道的交叉，在交通比较频繁的道路上多采用此种类型。这种林荫道有时也依地形而定。例如，傍山、一侧滨河或有起伏的地形，可采用借景将山、林、河、湖组织在内，创造安静的休息环境。

设在道路两侧的林荫道　设在道路两侧的林荫道与人行道相连，附近居民不用穿过道路就可达林荫道内，既安静，又方便。此类林荫道占地面积过大，目前使用较少，如青岛香港路林荫道、上海延中绿地的林荫道等。

B. 林荫道植物造景的特点：林荫道的植物配置要以丰富多彩的植物取胜。乔木应占30%~40%，灌木占20%~25%，草坪占10%~20%，花卉占2%~5%。南方天气炎热，需要更多的庇荫常绿树，占地面积可大些；在北方，则以落叶树占地面积较大为宜。

林荫道的宽度在8m以上时，可考虑采取自然式布置；宽度8m以下时，多按规则式布置。游步道的设置根据绿地宽度而定，可以设置1~2条。行车道与林荫道绿地之间要有浓密的绿篱和高大的乔木组成绿色屏障相隔，一般立面上布置成外高内低的形式。

林荫道可按长75~100m分段设立出入口，各段布置应具有特色。但在特殊情况下如大型建筑附近，也可以设出入口。出入口可种植标志性的乔木或灌木，起到提示与标识的作用。在林荫道的两端出入口处，可使游步道加宽或铺设小广场，并适当摆放一些草花等。林荫道内，为了便于居民使用，常需布置休息座椅、园灯、喷泉、阅报栏、花架、小型儿童游戏场等设施。

②**滨河路的植物造景**　滨河路是城市临河、湖、海等水体的沿岸道路，由于一面

园林植物与其他园林要素组景

临水，空间开阔，环境优美，经常可以设计成林荫道，是城市居民休憩的良好场地。滨河林荫道的植物配置取决于自然地形的特点。若地势有起伏，河岸线曲折，可结合功能要求采取自然式布置；若地势平坦，岸线整齐、与车道平行，可采取规则式布置。临水种植乔木，适当间植灌木，利用树木的枝下空间让路人时不时观赏到水面景观。岸边设栏杆，并放置座椅。若滨河林荫道较宽，还可布置园林小品、雕塑等（图2-1-82）。

图2-1-82　滨河林荫道

③步行街的植物造景　城市步行街是使人们在不受汽车与其他交通工具干扰和危害的情况下，可以经常性或暂时性、自由而愉快地活动的街道。步行街不仅是为了通行，而是可以驻足停留的。城市步行街根据使用性质的不同，可以分为商业步行街和游憩步行街。

商业步行街　是城市街道的重要组成部分，它与市民生活密切相关。商业步行街提供了完善的街道设备和丰富的景观设施，往往集购物、休息、娱乐、餐饮、观赏、社会交往于一体，是人们购物的好去处，甚至成为一个城市重要的景观标志之一。商业步行街在植物配置上，要将美观和实用相结合，尽量创造多功能的植物景观。在较宽阔的商业步行街上可以种植冠大荫浓的乔木或开花美丽的灌木，但树池要用箅子覆盖或种植花草，树池的高矮、质地最好适合于人们停坐（图2-1-83）。

图2-1-83　商业步行街的植物造景

游憩步行街　主要设置在风景区、居住区或文化设施集中的地方，可供人们散步、休闲和观赏自然风景。如在各种博物馆、画廊、剧场、音乐厅、图书馆等公共建筑周围的道路，人们在参观之前、之中或之后，可以不受车辆影响，自由信步，细细回味。这种步行街一般

图 2-1-84　游憩步行街的植物造景

是以植物景观为主体的街道空间，用高大浓密的乔木和开花繁茂的灌木共同绿化，形成宜人的环境（图 2-1-84）。

3. 园林道路绿地景观设计

1）园林道路概述

园林道路（简称园路）除了满足游人集散、消防和运输的功能外，引导游人游览观景也是其主要功能。因此，从游赏的角度来体现其导游的功能是园路设计的重要内容。在崇尚自然的中国园林设计的总体思想中，园路设计强调的是园路与路旁的景物结合，其中尤以其与植物景观的结合取胜，且不仅限于路旁的行道树，还包括由不同植物组成的空间环境与空间序列（图 2-1-85）。

园路的面积在园林中占有很大的比例，且遍及各处，因此道路两旁植物配置的优劣直接影响全园的景观。园路变化多端，时而有清晰的路缘，时而似路非路，时而似一块不规则的广场，引导游人游览各个景区，起到步移景异的作用，而这种作用往往是通过路旁的植物完成的。因此，园路的植物造景设计应结合园路特点进行。多数情况下，园路的植物配置是依园路的设计意图和其导游、遮阴、分割及分散人流等功能而定的。要求植物配置与周围的景物（山、水、建筑等）综合考虑，突出景观的需要，将周围的景物纳入道路空间中。根据不同园路的功能要求，利用和改造道路的地形，用不同的艺术手法，配置不同的树种，以创造丰富的道路景观。

图 2-1-85　园林道路　　　　　　　　　　图 2-1-86　竹中求径

图 2-1-87　园林主路

　　进行园路植物景观设计时，当以植物的形美色艳取胜，符合艺术构图基本规律。一般应打破在路旁栽种整齐行道树的思维，可采用乔木、灌木、地被植物、草坪等复层自然式栽植方式。这些植物与路缘的距离可近可远，相互之间可疏可密。做到宜树则树，宜花则花，高低因借，不拘一格。在树种的选择上，可突出某一个或数个具有特色的树种，或者采用某一类的植物，以多取胜，创造"林中穿路""花中取道""竹中求径"等特殊的园路景观（图 2-1-86）。

2）园林道路分类及植物造景

　　园林道路主要分为主路、支路和小路等，根据园林面积的不同，各级园路的宽度可有较大差别。

（1）园林主路

　　园林主路是连通各功能区的主要道路，游客流量大，往往设计成环路，一般宽3~5m（图 2-1-87）。

　　平坦笔直的园林主路常采用规则式的植物配置。最好植以常绿、观花类或彩叶类乔木,并配以花灌木、宿根花卉等作为下层植物,以丰富园内色彩。主路前方有漂亮的建筑作对景时,两旁的植物可以密植,使道路成为甬道,以突出建筑主景。园林主路的入口处也常常以规则式配置,可以强调气氛。如南京中山陵入口两旁种植高耸的柏科植物,营造庄严、肃穆的气氛。

蜿蜒曲折的园路,或路旁有微地形变化或园路本身高低起伏,最宜进行自然式配置。沿路植物景观在视觉上应有挡有敞,可疏可密,高低错落。路旁可以布置草坪、花地、灌木丛、树丛、孤立树,甚至水面、山坡、建筑小品等,以求变化。游人沿路漫游可经过大草坪,也可在林下小憩或穿行于花丛中。若在路旁微地形隆起处配置复层混交的人工群落,最具自然之趣。

路边无论远近,若有景可赏,则在配置植物时必须留出透视线。若遇水面,对岸有景可赏,则路边沿水面一侧不仅要留出透视线,在地形上还需稍加处理。要在顺水面方向略向下倾斜,再植上草坪、花灌木。

路边地被植物的应用也不容忽视,可根据环境条件,种植耐阴或喜光的观花、观叶的宿根或球根植物,或藤本植物。

(2)园林支路和小路

支路是园林中各功能区内的主要道路,一般宽 2~3m。小路则是供游人在宁静的休息区中漫步的道路,一般宽仅 1~1.5m,在小型公园中甚至宽不及 1m。支路和小路是园林中分布最广的园路,有的可长达千米,短的则只有数米,依其功能或景观效果而定。作为一种线状游览的路线,其设计应"随境而设,应景而设",既有导游作用,本身也具观赏性(图 2-1-88)。

支路和小路两旁的植物景观设计可比主路更加灵活多样。由于比较狭窄,只在路的一旁种植乔、灌木,就可达到既遮阴又赏花的效果;也可将木绣球、连翘、夹竹桃等具有拱形枝条的大灌木或小乔木植于路边,形成拱道,游人穿行而过,富有野趣;还可以配置成复层混交群落,具有幽深效果(图 2-1-89)。

图 2-1-88 园路随境而设

图 2-1-89 野趣园路

园林植物与其他园林要素组景

图 2-1-90　杭州植物园梅园园路

图 2-1-91　山径

有些地段可以突出某种植物景观，形成富有特色的园路，如杭州植物园梅园的园路（图 2-1-90）。

常见的园林支路、小路有以下几种。

① 山径　山水园是中国传统园林的基本形式。大型园林多借助自然山体，小型园林则创造自然式的山体，除完全观赏用的小山石外，大山、小山多由路通入而形成山径。可以采取一些措施来营造自然山径的野趣。

山径多为路面狭窄而路旁树木高耸的坡道，路越窄、坡越陡、树越高，则山径之趣越浓。山径旁的树木要有一定的高度，宜选择高大挺拔的乔木，以增强树高与路狭之感（图 2-1-91）。径旁树木宜密植，并且要多种几排，形成一定的宽度，郁闭度最好在 0.9 以上，浓荫覆盖，光线阴暗，如入森林。山径本身要有一定的坡度和起伏，坡陡则山径的气息浓，应相对地增加路旁山坡的高度，使高差明显。山径还需要有一定的长度和曲度，长则深远，曲则深邃，并尽量利用甚至创造一些自然小景，如溪流、置石、谷地、丛林等，以加强山林气息。

② 林径　在平原的树林中设置的小路称为林径。与山径不同的是，林径多在平地，径旁是量多面广的树林，树林大，则林径长，森林气息极为浓郁。"乔松万树总良材，九里青云一径开"是对林径的写照。南宋诗人袁燮也曾描述林径道："太白峰前三十里，古松夹道奏竽笙；清辉秀色交相映，未羡山阴道上行。"松、黄栌、枫香都是径旁营造植物景观的良好材料。

图 2-1-92　锡惠公园的林径

在园林中，虽不一定有很大面积的森林，但即使是在小树林、小树丛，其中的小径仍可具有"林中穿路"的韵味，加上明暗的交替变化，"曲径通幽"的意境更浓，这些都是源于自然而胜于自然之处，如无锡的锡惠公园的林径（图 2-1-92）。

③**竹径**　设置竹径自古以来都是中国园林中经常应用的造景手法。"绿竹入幽径，青萝拂行衣""此地有崇山峻岭，茂林修竹，又有清流激湍，映带左右""清晨入古寺，初日照高林。曲径通幽处，禅房花木深"充分说明利用竹径可以营造曲折、幽静、深邃的园路环境。

竹子生长迅速、清秀挺拔，竹径则四季常青、形美色翠、幽深宁静，表现出一种高雅、潇洒的气质（图 2-1-93）。但由于园林立意的不同，路旁栽竹可以形成不同的情趣与意境。如杭州云栖竹径可谓"一径万竿绿参天"，游人穿行在这曲折的竹径中，幽深感很强。而三潭印月的"曲径通幽"两端均与建筑相连，径旁临湖，竹林中夹种乌桕。人行径内，只能从竹秆缝隙中看到径外的水面，会感觉幽静、郁闭；通过弯曲的竹径后，则出现一片明亮的小草坪，充分体现了"柳暗花明又一村"的意境。

有的竹径并无明显的路面，或只是散铺数块步石，游人可以自由地穿行于预留的竹林空间内。我国古籍中即有"移竹成林，复开小径至数百步""种竹不依行"的记载，说明这种在竹林中的小径，与定向指引的竹径是具有不同情趣的。

④**花径**　以观赏花的形、色为主的园路即为花径。清代名士高士奇在浙江平湖郊外修建的江村草堂中就有桂花径长约 500m，穿行于数百株桂花丛中，"绿叶蔽天，秋时花开，香气清馥，远迩毕闻。行其下者，如在金粟世界中"。

以小乔木或大灌木形成的花径，需要有一定的枝下高，一般应在2m左右。径旁花木密度较大，花枝覆盖着一段或整条径路上方的空间，形成一种"繁花如彩云，人可行其中"的景观，极为绚丽多彩。特别是在盛花期，感染力更强。很多花灌木，如桂花、丁香、石榴、海棠花、垂丝海棠等，只要栽植的株距合适，能使树冠相连，即可形成这种景观。

利用一些宿根和球根花卉，甚至一、二年生花卉，结合小路起伏、弯曲的地形，自然地布置于小路两旁，也可形成繁花似锦的景观效果。

a. 扬州个园竹径

b. 杭州西湖竹径

图 2-1-93 竹径

图 2-1-94 草径

⑤草径 指以各类低矮草本植物为主的园路（图2-1-94）。在大片草坪中，可以设步石开辟小径，与"草中嵌石"的路面设计方式相似；也可用低矮观花植物作路缘，设置一条草径，在游人不多的区域可以表现野趣。在地形略有起伏的草坪中开径，采用白色路面，在绿色草坪中的路面仿若流水缓缓流动，可营造一种动态景观。

3）园路局部植物景观设计

园路局部包括路缘（即园路的边缘）、路口与路面，其植物配置要求精致细腻，有时可起画龙点睛的作用。

（1）路缘

路缘是园路范围的标志，其植物配置方式主要是紧邻园路边缘栽植较为低矮的花草和植篱，也有较高的绿墙或紧贴路缘的乔、灌木，其作用是使园路边缘更醒目，加强装饰和引导效果。采用植篱，可使游人的视线更为集中；采用乔、灌木或高篱，可使园路空间更显封闭、冗长，甚至起着分割空间的作用；当路缘植物的株距不等，与边缘线距离也不一致地自由散置时，还可使园路具有一种自然的野趣。

草缘 将沿阶草配置于路缘，是中国传统园林的一个特色，特别是在

图 2-1-95　草缘

图 2-1-96　花缘

图 2-1-97　植篱

长江流域一带的私家园林中更为常见。沿阶草终年翠绿，生长茂盛，常作为园路镶边材料。如果在路缘铺以草本地被，在地被之外再栽种乔、灌木，不仅扩大了道路的空间感，也加强了道路空间的生态功能（图 2-1-95）。

花缘　以各色一年生或多年生草花配置于路缘，大大丰富了园路的色彩，像园林中的瑰丽彩带，随路径的曲直而飘逸于园林中（图 2-1-96）。

植篱　园路以植篱饰边是常见的形式之一。植篱高度 0.5~3m 不等，与园路的宽度并无固定比例，视园路植物景观的需要而定，一般为 1m 左右。除了常用的绿篱外，许多观花、观叶灌木甚至藤木类均可作为路缘植篱，如南天竹、火棘、杜鹃花等。有时，园路两侧采用乔、灌、草相结合的复层结构来装点路缘，形成错落有致的植物景观，一方面，起到分割空间的作用；另一方面，为游人提供良好的观赏环境，同时良好的生态环境有利于游人身心健康（图 2-1-97）。

（2）路口

路口的植物景观一般是指园路十字交叉口的中心或边缘的植物景观，三岔路口或道路终点的对景，或进入另一空间的标志植物景观。路口利用常绿、耐修剪的植物为

图 2-1-98　标志性路口

图 2-1-99　引导性路口　　　　　　　　　　　图 2-1-100　石中嵌草

门，标志作用十分明显；而层次丰富、色彩变化多样的植物景观也可作为岔路口的标志（图 2-1-98）。至于转角处的导游树种配置，除了栽植一株具有特色造型或花、叶奇美的树以外，也可以配置一个与周围树种不同色彩或造型的树丛作为引导（图 2-1-99）。

（3）路面

　　园林路面的植物造景是指在园林环境中与植物有关的路面处理，一般采用石中嵌草或草中嵌石的方式，布置成人字形、砖砌形、冰裂形、梅花形等，兼可作为区别不同道路的标志（图 2-1-100）。这种路面除有装饰、标志作用外，还具有降低温度的生态作用。据测定，嵌草的水泥或石块路面，在距地面 10cm 处，温度比水泥路低1~2℃。

　　路面上的植物多少，依道路性质、环境以及造景需要而定。有的只是在石块的缝隙中栽草，有的是在成片的草坪上略铺步石，有的则在宽阔的步行道上布置临时花坛。

4. 高速公路绿地设计

1）高速公路植物景观特点

高速公路路面质量较高，车辆快速行驶，车速一般为 80~120km/h，因此，其空间为线性连续流畅的开敞性空间。与一般道路相比，高速公路的植物景观具有非常显著的特点，突出表现在中央隔离带的防眩设计、路侧防噪设计、立交围合的视线引导安全设计以及边坡边沟的绿化设计等。在高速公路上，由于车速快，驾驶员的注视点远，视野狭小，对沿途景观的感知比较模糊。因此，沿途景观必须采用"大尺度"，要多用片植的形式，形成较大的色块或线条，并需注意视觉比例的协调，才能达到良好的视觉效果。

2）中央隔离带植物景观设计

中央隔离带一般宽 1.5m 以上，有的可达 5~10m，主要作用是有效控制车辆分向、分道行驶，防止来往车辆互相撞车，避免会车时灯光对人眼的刺激，同时可以缓解驾驶员紧张的心理，增强安全性。

中央隔离带大多采用规则式布置，利用简单重复形成节奏与韵律，并控制适当高度，以遮挡对面车辆的灯光，保证良好的行车视线。中央隔离带一般采用树篱式、球串式和图案式的种植形式来进行绿化（图 2-1-101）。

图 2-1-101　中央隔离带

3）边坡植物景观设计

边坡是高速公路的重要组成部分，对边坡进行植物景观设计的主要目的是美化、保护路基和路肩，防止雨水冲刷及山体滑坡等，所以在植物选择上要选择根系较深、固土能力强的植物种类（图 2-1-102）。多选用草坪来进行水土保持，在草种的选择上，除了要考虑到适应当地气候、土壤条件外，还应该考虑以下几点：根系发达、生长快速、抗逆性强、管理粗放。

图 2-1-102　边坡绿地

4）休息站植物景观设计

高速公路每隔 50~100km 要设置休息站，供驾驶员和乘客休息。休息站设有减速车道、加速车道、停车场、加油站、餐厅、小卖部、厕所等服务设施，要结合这些设施进行植物景观设计。停车场可种植具有浓荫的乔木，以防止车辆被烈日暴晒。休息区则可以利用草坪、花坛、树坛来进行美化装点（图 2-1-103）。

图 2-1-103　休息站绿地

5）防护林带植物景观设计

防护林带主要设在高速公路的上风向，用来减缓风速。目前，高速公路两侧一般设有 20~30m 宽的防护林带，但真正的高速公路防护林带应扩展到几千米范围内并与农田防护林相结合。这样不仅能起到防风固沙的作用，还能营造丰富的景观效果。

防护林带不能过于单调，否则会使驾驶员产生视觉疲劳而易出事故。所以在建设高速公路沿路的防护林时，应适当点缀风景林、树群、树丛、大片宿根花卉等，以增加景色的变换。防护林带的配置形式多样，一般采用外高内低，乔木、灌木、草本相结合的形式。

任务实施

1）根据现状特点和功能分区绘制泡泡图

这是设计方案的第一步，也是最重要的一步，主要对环境、功能、景观结构、道路流线进行分析。

本案例中，综合考虑场地周围的环境特征，场地的东、西两侧分别设计了相对应的多功能景观区，区域内部以活动、休闲和游憩为主，西侧便于学校师生使用，东侧区域以满足周边居民的使用为主。考虑到北侧道路车流量较大及人流量也较大的特点，在中部区域结合场地内部道路设计了主入口景观区，方便行人过往。此外，还为行人提供一个远离道路噪声的内部步行通道。结合场地内部微地形设计了微地形景观区，给行人提供一个赏心悦目的观景景点（图 2-1-104）。

2）结合泡泡图确定该绿地的种植设计风格和规划布局方法

结合街旁绿地设计的相关要求和功能需求，利用不同植物的生物学和生态学特性，形成以植物为主题，兼具观赏、防护、引导等功能的观景区。绿地周围路缘的

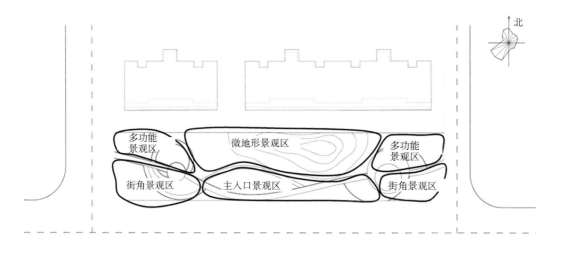

图 2-1-104　泡泡图

图 2-1-105　平面图初稿

植物以生长较快、枝叶茂盛的毛白杨为主，提供林下休憩的空间。在紧邻学校的区域，主要以彩色、季相变化丰富的植物为主，如紫叶李、西府海棠、紫薇、五角枫等。注重乔木与灌木、常绿树与落叶树及异龄乔木相互搭配，形成层次和季相变化。绿地内部的主要游行步道周围，采用一些低矮的绿篱，如龙柏球、紫叶小檗和金叶女贞等，形成相对有序的景观空间序列。在街角景观区域，为了便于行车安全，采用的植物多为低矮的灌木，如连翘等。另外，在绿地内部还采用了一些观赏价值较高的植物，如樱花、黄栌、香花槐等，使植物景观变化丰富、灵活（图 2-1-105、图 2-1-106）。

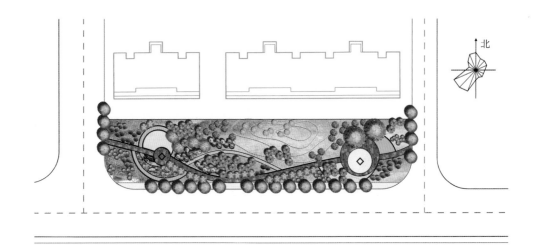

植物材料表

编号	图例	植物名称	规格	数量(株)	备注	编号	图例	植物名称	规格	数量	备注
1		龙柏球	修剪后H=0.3m		14株/m²	8		香花槐	胸径4~5cm	20	
2		紫叶小檗	修剪后H=0.3m		14株/m²	9		龙柏	高2~2.5m	11	
3		金叶女贞	修剪后H=0.3m		14株/m²	10		黄栌	胸径6~8cm	2	原有树
4		毛白杨	胸径6~8cm	23	原有树	11		冬青球	冠幅1~1.5m	13	
5		柳	胸径4~5cm	20		12		紫薇	根径3~4cm	8	
6		紫叶李	根径4~5cm	20		13		樱花	根径4~5cm	10	
7		五角枫	高4~5m	30		14		连翘	高1~1.5m,冠幅1m	4	
						15		西府海棠	根径3~4cm	29	

图 2-1-106　总平面效果图及植物材料表

3）完成总平面图并表现其色彩效果

巩固训练

结合上述案例，以同样的方法对图 2-1-107 所示道路中心岛区域进行植物景观设计。

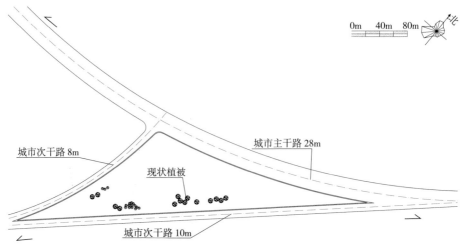

图 2-1-107　环岛现状图

任务 3　园林植物与山石、水体组景

任务描述

1）场地概况

某城市拟在图 2-1-108 所示的范围中进行环境改造。该场地呈长方形，南北长 40m，东西宽 20m，地势平坦；南面、北面及东面临城市道路，西面临城市河流，河流没有污染；保留 3 株原有树木。

2）设计要求

如图 2-1-109 所示，此项任务已进行了道路的铺设，现只需完成小尺度空间内的山石、水体与植物的组合搭配设计，尽量营造一个舒适而美好的休憩场所。

任务分析

1）水体分析

场地西面临城市河流，河流没有污染，其常水位线与岸边高差为 1.5m，意味着可以进行滨水空间设置。考虑亲水功能，可适当设置近水驳岸、亲水平台或滨水走廊；考虑观赏功能，可在小游园中引入水体布置规则式水池、喷泉、跌水或自然式溪流等。

2) 植物分析

3 株原有树木应当保留，树形优美的大树或彩叶树及观花树等可与草地结合，以观赏为主，可结合铺装形成林下休憩空间，也可搭配山石或水体营造丰富的景观效果。

3) 筑山置石分析

结合地形考虑是否适合筑山。基地内部地势平坦，竖向设计应该以尊重场地现状为宗旨，避免大动土方，可适当调整地形来增加活动的趣味性；而置石则可结合水体、植物等要素并参考置石的方法及形式美法则进行。

任务要求

（1）要结合现状，因地制宜。

（2）山石、水体和植物三要素搭配时要能够最大限度地发挥其景观功能。

（3）对水体的类型及布局形式尽量多样化思考，选出最适宜的水体布局方案。

（4）山石配置务必与植物相结合，打造丰富多彩的空间形式。

（5）尽可能利用原有树木，结合不同的生长环境合理配置植物。

材料及工具

测量仪器、手工绘图工具、绘图纸、绘图软件（AutoCAD、Photoshop、SketchUp）、计算机等。

知识准备

1. 园林植物与山石组景

自古就有"园可无山，不可无石"之

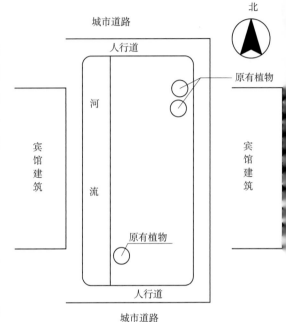

图 2-1-108　街头小游园环境平面图

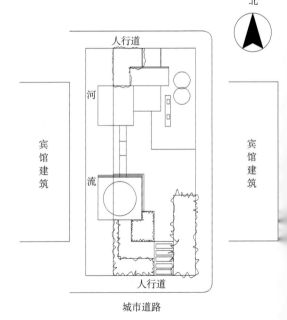

图 2-1-109　道路分布图

说，足以体现山石在园林造景中的重要性。我国在西汉初期就有了叠石造山之法（图2-1-110），经过东汉到唐、宋的发展，至明、清时叠石技艺日趋精湛，达到顶峰。山石因具有韵律美、意境美和形式美而富有极高的艺术价值，被称为"立体的画，无声的诗"。

山石既可以用于划分园林空间，又能够增加园内恬静的气氛，在我国传统造园中有着至关重要的作用，甚至有"无石不园"的说法。中国古典园林中，无论是北方威严宏伟的皇家园林，还是江南清新秀雅的私家园林，均有山石与植物结合配置形成的秀美景观（图2-1-111、图2-1-112）。

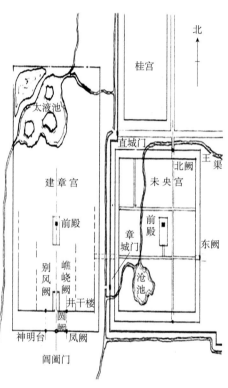

图 2-1-110　建章宫太液池"一池三山"

图 2-1-111　圆明园山石与植物组景　　　图 2-1-112　拙政园山石与植物组景

1）山石与植物造景概述

山石造景在我国传统造园艺术中凝聚着造园家的艺术创造。山石造景师法自然，除了兼备自然山石的形神外，还兼具传情的作用，如《园冶》中提到的"片山有致，寸石生情"。因此，可以这样理解，山石造景是指在园林景观营造过程中，借鉴中国山水诗和画的原理，通过对土和石等材料进行加工堆叠，提炼和创造出更加符合人们审美需求的仿自然山和石的一种景观营造方式（图2-1-113）。

在园林山石造景中有众多的石材可供选择，除常用的太湖石、黄石、英石3种外，还有昆山石、灵璧石、散兵石、锦川石、笋石、钟乳石等。传统的选石标准为追求透、漏、瘦、皱、丑。透，即多孔洞而玲珑剔透；漏，即有坑有注，轮廓丰富；瘦，即细长苗条、鹤立当空、孤峙无依；皱，即纹理明晰、起伏多姿，呈分化状态；丑的石峰则颇具气势，能创造出苍劲古朴的意境，引人遐想。现代园林选石已拓宽了思路，造景选石宜就地取材。除了自然山石，水泥、钢条等材料也用于构筑现代园林山石景观。另外，选石还要考虑石材的特点。在进行山石造景时，应扬长避短，充分利用各种不同的石质材料的颜色、形态、硬度等物理属性，准确把握环境，从整体出发，使山石与环境相融洽，形成自然和谐之美（图2-1-114）。

图2-1-113　石材应用

图2-1-114　山石造景

图 2-1-115 山体与其他景物呼应

图 2-1-116 假山围合成相对独立的园林空间

2）山石与植物造景的艺术手法

在现代，山石造景已经作为环境景观构成的重要内容，体现着景观设计的新水平。结合生理学和行为心理学进行分析，在充分利用场地环境的条件下，需要充分考虑游人路线的设置，并结合现代点、线、面的构图技巧，来确定山石的体量、艺术风格和布局，以及运用山石营造景观的有关手法等，才能更好地渲染和烘托主题，达到丰富和增加环境景观内涵的效果。

（1）假山的造型与布局

①假山的造型　一是要有宾主；二是要有层次；三是要有起伏；四是要有来龙去脉；五是要有曲折回抱；六是要有疏密、虚实。

②假山的布局　多采用形式美法则进行设计。

假山作对景，假山的体量要与空间相适应，假山与建筑之间要有一定的视距，在视距范围内可布置水池或草坪，形成虚实对比，相互呼应，使山体更显高耸和灵秀（图 2-1-115）。

把假山布置在园地周围，山上布置花草树木，围合成相对独立的园林空间（图 2-1-116）。

在园内"之"字形布置，把园林分割成既相互独立又相互流通的空间。

把假山建于园中一角，坡度逐渐平缓，过渡到园中平地。

山水结合布置，虚实相生，相得益彰（图 2-1-117）。

把假山布置在出入口的正面，形成障景（图 2-1-118）。

以墙为背景，假山靠墙布置，配以花草树木，形成生动的画面。

（2）置石手法

置石用料不多，体量小而分散，布局随意，且结构简单，不需要完整的山形，但要求造景的目的性强，起到"画龙点睛"的作用，做到"片山多致，寸石生情"。

图 2-1-117　山水结合布置

图 2-1-118　山体作为障景

图 2-1-119　苏州留园的瑞云峰

图 2-1-120　山石散置

①山石特置　将玲珑或奇巧或古拙的单块山石于园林中独立设置，常作局部小景或局部构图中心，多用在入口、路旁和园路尽头等处，作对景、障景和点景之用。现存特置山石较好的有苏州留园的冠云峰和瑞云峰（图 2-1-119）、上海豫园的玉玲珑以及杭州的绉云峰等。

②山石散置　一般指"攒三聚五""散漫理之"的布局形式。要求将大小不等的山石零星布置，有散有聚、有立有卧，主次分明、顾盼呼应。通常布置在墙前、山脚和水畔等处（图 2-1-120）。

③山石群置　山石作为群体来表现。山石群置要有主有从、主从分明，搭配时体现"三不等"原则，即大小不等、高低不等和距离不等。配置方式有墩配、剑配和卧配。

在进行山石造景设计时，要目的明确、格局谨严、手法简练、寓浓于淡、有聚有散、有断有续、主次分明；在处理景观和场地的关系上，要高低起伏、顾盼呼应、疏密有致、虚实相间、层次丰富；在山石造景的处理手法上，则以少胜多、以简胜繁、小中见大、比例合宜、假中见真。

3）植物与山石的配置

在园林中，当植物与山石组景时，不管要表现的景观主体是山石还是植物，都需要根据山石本身的特征和周边的具体环境，精心选择植物的种类、形态、大小以及不同植物之间的搭配形式，使山石与植物组合达到最自然、最美的景观效果（图2-1-121）。

柔美丰富的植物可以衬托山石的硬朗和气势，而山石的辅助点缀又可以让植物显得更加富有神韵，植物与山石相得益彰地配置更能营造出丰富多彩、充满灵韵的景观，从而唤起人们对自然界高山与植物的联想，使人们仿佛置身于大自然之中。

（1）植物为主，山石为辅

以散点的山石（图2-1-122）为配景的植物配置是植物与山石结合配置的重要表现形式，可以充分展示自然植物群落形成的景观，来营造园中返璞归真、自然野趣的园林意境。用作护坡、挡土墙、护岸的山石（图2-1-123），一般也均处于次要地位，应予适当地掩蔽以突出主景。

图2-1-121　植物与山石配置

图2-1-122　散点山石

图2-1-123　护岸山石

项目 1

园林植物与其他园林要素组景

图 2-1-124　植物为主，山石为辅　　　　图 2-1-125　山石为主，植物为辅

通常可以利用宿根花卉和一、二年生花卉等多种花卉植物，栽植在树丛下、绿篱旁、栏杆旁、绿地边缘、道路两旁、转角处以及建筑物前，以带状自然式混合栽种形成花境，这样的仿自然植物群落再配以石头的镶嵌使景观更为协调稳定和亲切自然。当前一些城市的许多绿地中都可见植物与山石成组进行配置，石块大小呼应，有疏有密，植物有机地组合在石块之间，乔木、灌木和地被植物形成层次丰富、错落有致的群落景观。或者以某一种植物为主体，散置山石，偶尔配上一些花卉或爬藤类植物形成生动而具有野趣的自然景观（图 2-1-124）。

（2）山石为主，植物为辅

这种配置形式在我国古典园林中也较为常见。在古典园林中，可以在庭院的入口、中心等视线集中的地方看到特置的大块独立山石；在现代的居住区绿地和公园内，山石也经常被安置于居住区入口、公园某一个主景区、草坪一角等形成醒目的点景。在山石的周边常缀以植物作为背景烘托，或作为前置衬托，形成层次分明、静中有动的园林景观。这种配置方式因山石位于主导地位，故可在园林中以障景、对景、框景的手法来划分空间，丰富层次，具有多重观赏价值。如苏州留园中以"瘦、皱、漏、透"而闻名于世的冠云峰，芭蕉、石榴、枸杞、南天竹等灌木围绕其间，前植低矮草花，游人驻足或漫步其间，但见湖石高耸，玲珑清秀，点缀其间的花、草、松、竹则更显峰的秀美雄伟。与其说冠云峰是一枝独秀，不如说在这些绿色的背景和鲜艳的暖色前景衬托下它早已经与这些植物共同成为留园的象征（图 2-1-125）。

2. 园林植物与水体组景

水是万物之灵。在园林景观设计中，水是非常重要的设计要素之一，起到非常重要的作用。

1) 各种水体的植物景观设计

（1）静水

①湖　是较大面积的水体，在园林中应用比较多。湖在城市中多出现在较大的公园内，并成为园中重要的景点。湖面开阔人的视野，丰富园内景观。湖的驳岸线采用自然曲线，或石砌，或堆土，沿岸种植耐水湿植物，高低错落，远近不同，与水中的倒影相呼应（图2-1-126）。

②池　多由人工挖掘而成，或用固定的容器盛水形成，其面积一般较小，外缘线条硬朗而分明。池的形状多是几何图形的组合，具体根据位置和所处的环境而定。水池是静态的水面，可布置在园内用以映照天空或地面景物，扩大景深，使景与影虚实结合，真假难辨，获得"小中见大"的效果。水边植物配置一般突出个体姿态或色彩，多以孤植为主，营造宁静的气氛；或利用植物分隔水面空间，增加层次，同时也可创造宁静的景观（图2-1-127）。

（2）动态水

①溪流　其形态、声响、流量与坡度、沟宽度及沟底的质地有关。宽而滑的沟其水流比较稳定；沟底粗糙不平，则水流会有高低缓急的变化，形成种种不同的景观效果。溪流是一种动态景观，但在园林中往往处理成动中取静的效果。两侧多植以密林或群植树木，溪流在林中若隐若现（图2-1-128）。

②泉　涌泉或喷泉可作为园林景观的主题。涌泉泉底摇曳着各种晶莹碧绿的水草，更显泉水清澈，如趵突泉、珍珠泉等名泉；有的则泉边栽种植物，倒映在池中增添泉水的灵动（图2-1-129）。

在现代城市景观中，喷泉是水景的主要表现形式，应用很广，既可作主景，也可

图2-1-126　湖

图2-1-127　池

图 2-1-128 溪流

图 2-1-129 涌泉

图 2-1-130 喷泉

图 2-1-131 瀑布

图 2-1-132 跌水

用来作配景，常设于城市广场、街头、花园、公共庭院中，用睡莲、鸢尾等植物装点（图 2-1-130）。

③瀑布 在园林造景中通常指人工的立体落水。由瀑布营造的水景有着丰富的表状。例如，既有小水珠的悄然滴流，也有大瀑布的轰然怒吼。在城市景观中，瀑布常依建筑物或假山而建。模拟自然界的瀑布风光，将其微缩，可置于室内、庭园或街头、广场，为城市中的人们带来大自然的灵气。配以自然式的植物配置，形成错落有致的景观（图 2-1-131）。

④跌水 水体沿着台阶形的水道滑落而下，呈现有节奏的级级跌落的形态，称之为跌水。跌水是柔化地形高差的手法之一，它将整段地形高差分为多段落差，从而使每段落差都不会太大，给人亲切平和的感觉。台阶形的水道依地势而建，一般会占据较大的空间，能加强水景的纵深感，增强导向性，配以植物可丰富水体景观（图 2-1-132）。

2）水体各部分与植物组景

（1）水面与植物组景

水生植物通常是装点水面的必要材料。例如，杭州西湖的曲院风荷内种植着数十种荷花，形成优美的景观。

通常水生植物种植不宜过多，应留出 1/3 以上的水面空间，具体要结合周围的景物分布及观赏视线而定，以使游人能欣赏到最佳的倒影效果为准。一般在重要的植物景观和亭、榭等水上建筑的附近不宜布置水生植物，以保证欣赏景物的同时还能欣赏水中倒影。但是，如果要突出水生植物的整体效果以表现自然生态景观，可以将大部分水面用水生植物覆盖，创造一种浑然天成的感觉。

选择水生植物时，要考虑其生态习性。不同的水生植物对水的深浅程度有不同的要求，所以在设计水体时，可以设计不同深度以适合各种水生植物的生长，或者在深水处利用水下支架支撑花盆，以满足植物的水深要求（图 2-1-133）。

（2）水岸与植物组景

①水边设计

A. 水边植物配置的艺术手法：从艺术构图来看，水边植物配置应注意以下几点。

林冠线　即植物群落配置后的立体轮廓线，要与水景的风格相协调。如"水边宜柳"是中国园林水边植物配置的一种传统形式（图 2-1-134）。

透景线　水边植物配置需要有疏有密，切忌等距种植及整形式修剪。要在有景可观之处疏种，留出透景线。但是水边的透视景与园路的透视景有所不同，它的景并不限于一个亭子、一株树木或一座山峰，而是一个景面。配置植物时，可选用高大乔木，加宽株距，用树冠来构成透景面（图 2-1-135）。

季相色彩　植物因春、夏、秋、冬四季的气候变化而产生形态与色彩的变化，映于水中，则可产生十分丰富的季相水景。例如，春季繁花烂漫的桃花、夏季婀娜多姿

图 2-1-133　水生植物配置

图 2-1-134　水边植柳与钻天杨

图 2-1-135　树冠构成的透景面

的柳树、秋季金叶灿灿的胡杨，以及冬季傲骨立雪的梅花，可大大地丰富水边色彩（图 2-1-136）。

B. 水边的植物景观类型：

开敞植被带　是指由地被和草坪覆盖的大面积平坦地带或缓坡地带。场地上基本无乔木、灌木，或仅有少量的孤植景观树，空间开阔明快，通透感强，构成岸边景观的虚空间，方便水域与陆地的空气对流，可以改善绿地空气质量，调节陆地气温。另外，这种开敞的空间也有利于形成欣赏风景的透景线，对滨水沿线景观的塑造和组织起到重要作用（图 2-1-137）。

由于空间开阔，适于游人聚集，所以开敞植被带往往成为滨河游憩的集中活动场所，满足集会、户外游玩、日光浴等活动的需要。

稀疏型林地　是由稀疏乔、灌木组成的半开敞型绿地。乔、灌木的种植方式可多种多样，或多株组合形成树丛式景观，或小片群植形成分散于绿地上的小型林地斑块。在景观上，稀疏型林地可构成岸线景观半虚半实的空间。

稀疏型林地具有水陆交流功能和透景作用，但其通透性较开敞植被带稍差。

但是，正因为如此，在虚实之间，创造了一种似断似续、隐约迷离的景观效果。稀疏型林地空间通透，有少量庇荫树，尤其适合于炎热地区开展游憩、日光浴等户外活动（图 2-1-138）。

郁闭型密林地　是由乔、灌、草组成的结构紧密的林地，郁闭度在 0.7 以上。这种林地结构稳定，有一定的林相外貌，往往成为滨水绿带中重要的风景林。在景观上，郁闭型密林地构成岸线景观的实空间，保证了水体空间的相对独立性。同时，密林具有优美的自然景观效果，是林间漫步、寻幽探险、享受自然野趣的场所。在生态上，密林具有保持水土、改善环境、提供野生生物栖息地等作用

图 2-1-136　不同植物的季相色彩

图 2-1-137　水边开敞植被带　　　　　　图 2-1-138　稀疏型林地

（图 2-1-139）。

　　湿地植被带　湿地是指介于陆地和水体之间，水位接近或处于地表，或有浅层积水的过渡性地带。湿地具有保护生物多样性、蓄洪防旱、保持水土、调节气候等作用。其丰富的动植物资源和独特景观吸引了大量游客游憩。湿地上的植物种类多样，可进行丛植、群植、林植，如海滨的红树林及湖泊带的水松林、落羽杉林、芦苇丛等（图 2-1-140）。

　　C.水边绿化树种选择：水面是一个形体与色彩都很简单的平面。为了丰富水体景

图 2-1-139　郁闭型密林地

图 2-1-140　红树林湿地公园

观，水边植物的配置在平面上不宜与水体边线等距离，其立面轮廓线要高低错落，富有变化；植物色彩可以丰富一些。

　　水边绿化树种首先要具备一定的耐水湿能力，此外，还要符合审美要求。宜选择枝条柔软、分枝自然的树种。我国各地常用的树种有：椰子、蒲葵、小叶榕、高山榕、广玉兰、水松、落羽杉、池杉、垂柳、大叶柳、水冬瓜、乌桕、枫香、枫杨、三角枫、柿树、椰榆、白榆、桑、柽柳、海棠、樟树、棕榈、芭蕉、蔷薇、云南黄馨、紫藤、迎春花、棣棠、夹竹桃、圆柏等。

　　②驳岸设计　岸边的植物配置很重要，既能使山和水融为一体，又对水面空间的景观构造起重要作用。驳岸有土岸、石岸等，或自然式，或规则式。自然式的土岸常在岸边打入树桩加固。

　　A.土岸：自然式土岸曲折蜿蜒，线条优美，最忌采用同一树种、同一规格等距离配置。应结合地形、道路、岸线配置植物，有近有远，有疏有密，有断有续，弯弯曲曲，富有自然情调。土岸常稍高出最高水面，游人站在岸边伸手便可触及水面，便于亲水、戏水，给人以朴实、亲切之感，但要考虑到儿童的安全问题，设置明显的标志（图 2-1-141）。

　　B.石岸：规则式石岸（图 2-1-142）线条生硬、枯燥，柔软多变的植物枝条可补其拙，如西泠印社的柏堂前的规则式石驳岸。自然式石岸（图 2-1-143）线条丰富，优美的植物线条及色彩可增添景色与趣味，如苏州私家园林的自然式石驳岸。

3) 堤、岛、桥与植物组景

（1）堤

　　堤呈带状，具有分隔水面的作用，并有造景的功能。通过分隔水面，堤创造了分散多变的水面空间，形成了不同的小景区，并且丰富了水面的垂直空间景观。同时，堤还作为深入水面的游览路线，起到导游的作用，并且堤本身可以成为一景。如果在堤上栽以植物，从平面上来看，可以丰富堤上的线条和色彩，使季相变化丰富；从立面空间来看，植物可以丰富竖向空间的层次，使得竖向空间错落有致。植物多以乔、灌、草相结合的形式进行配置，通常以列植为主。以杭州西湖的苏堤为例，苏堤将西湖水面分隔开来，丰富了水体的平面景观，同时堤上的绿化也丰富了水体垂直立面上的景观，增加了西湖的景观层次，此外，苏堤春晓还以其自身的景色成为独立一景（图2-1-144、图2-1-145）。

图 2-1-141　土岸

图 2-1-142　规则式石岸

（2）岛

　　岛的类型众多，大小各异。有可游的半岛及湖中岛，也有仅供远眺或观赏的湖中岛。前者远、近距离均可观赏，多设树林供游人活动或休息，临水边或透或封、若隐若现，种植密度不能太大，应能透出视线观景。在进行植物配置时要考虑导游路线，不能有碍交通。如图2-1-146、图2-1-147所示的三潭印月，其岛为湖中岛，可以供游人活动或休息，通过南北堤和东西堤引导游人上岛游览，把整个水面分成"田"字格

图 2-1-143　自然式石岸

形式，从岛的不同位置向对岸眺望，可以看到不同的景色。后者则游人一般不入内活动，只远距离欣赏，可选择多层次的群落结构形成封闭空间，以树形、叶色造景为主，注意季相的变化和天际线的起伏，同时要协调好植物间的各种关系，以形成相对稳定的植物群落景观。如图2-1-148所示的上海松江区中央绿地湖中岛是不可进入的岛，岛上主要以植物配置形成的景色取胜，在岛上种植观赏性很强的植物，有很丰富的季相变化，再加以雕塑或小品点缀，形成具有一定主题的园林景观。

园林植物与其他园林要素组景

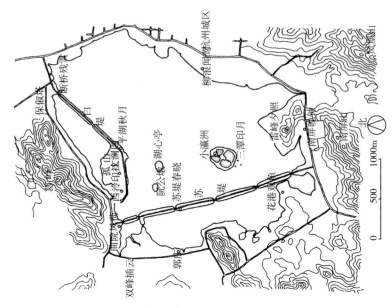

图2-1-144　杭州西湖平面图（引自潘谷西，2010）

图2-1-145　苏堤春晓

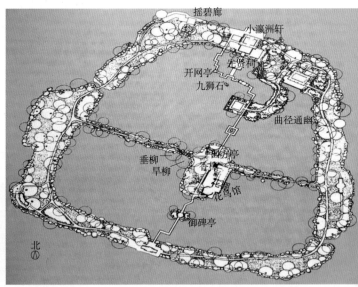

图2-1-146　杭州西湖三潭印月平面图（引自周维权，2008）

图2-1-147　三潭印月

图2-1-148　上海松江区中央绿地湖中岛

（3）桥

桥的种类多样，常见的有简单的跨水桥、穿越宽阔水面的曲折长桥（图2-1-149）、拱形桥（图2-1-150）等，它们的主要功能是组织交通与造景，通常以在桥附近的岸边栽种植物为主。另外，还有一种别致的桥，即汀步（图2-1-151），其分隔水面没有那么强烈，也可起到很好的组织交通的作用。汀步的植物搭配不受水体的限制，既可以在汀步的两端进行植物的栽植，也可以在汀步的两侧栽以植物，起到遮阴、装饰的效果。

图2-1-149 曲折长桥

图2-1-150 拱形桥

任务实施

1）根据现状特点和功能分区绘制泡泡图

这是设计方案的第一步，也是最重要的一步，主要对环境、功能、景观结构、道路流线进行分析。

在本案例中，以东面的城市道路为景观轴线的起始点，主轴为东西走向，次轴为南北走向，主入口的位置在东部的中心位置。据此，可以设置滨水景观，西北角为生态滨水区，西南角为休息区，东北角为树阵活动区（图2-1-152）。

2）结合泡泡图确定该绿地的种植设计风格和规划布局方法

根据植物景观设计基本方法和配置形式，植物背景以常绿、遮挡为主，亲

图2-1-151 汀步

水区设置贴近自然、季相变化丰富的植物景观，尽量满足防护及游赏的需求。选择树种时注重乔木与灌木、常绿树与落叶树及异龄乔木之间相互搭配，形成层次和季相变化。选择的植物主要有紫玉兰、葱兰、月桂、石楠、雪松、鸢尾等

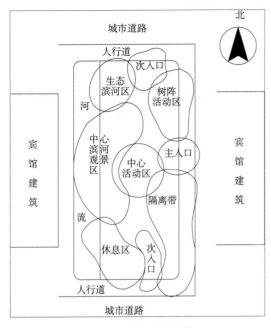

图 2-1-152　泡泡图

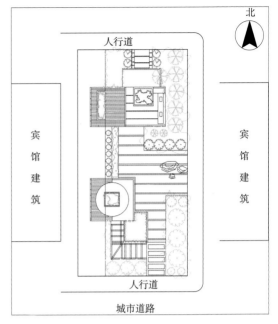

图 2-1-153　平面图初稿

序号	图例	名称	数量（株）	备注
1		紫薇	8	全冠，粉色花朵
2		石楠	4	姿态优美
3		雪松	4	全冠，姿态挺拔

a. 乔木汇总

序号	图例	名称	数量（株）	备注
1		月桂	4	全冠，姿态优美
2		黄杨	6	姿态优美
3		火棘	7	生长健壮

b. 灌木汇总

序号	图例	名称	数量（m²）	备注
1		惠兰	9	满种
2		马蹄金	42	满种，不露土
3		红花酢浆草	140	满种
4		鸢尾	10	满种

c. 地被汇总

图 2-1-154　植物材料

（图 2-1-153、图 2-1-154）。水边采取木质规则式亲水平台驳岸及生态滨水区缓坡（材料为细砂石、鹅卵石等）打造自然式驳岸。因为不适宜筑山，采取置石的方式，布置在东边主入口正前方，以障景的形式打造欲扬先抑的景观效果。

3）完成总平面图并表现其色彩效果

总平面图效果的绘制主要采用绘图软件 Photoshop、SketchUp，用渲染手法将想要表达的方案构思以真实的效果呈现出来。总平面图不仅要突出设计特色，还要注意细节的刻画，如道路铺装、建筑铺面、水体色彩、植物图例等。

在总平面图完成之际，不能忘记特色景观节点的标注，因为它是突显方案亮点的重要途径（图 2-1-155）。

巩固训练

以同样的方法将该区域其他方案补充完整，并做出水体、山石和植物的合理配置（图2-1-156）。

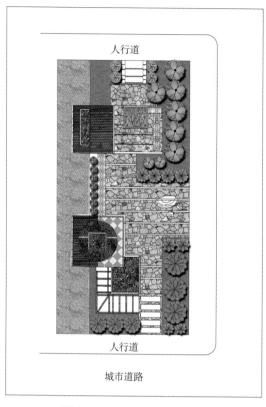

图2-1-155 总平面效果图

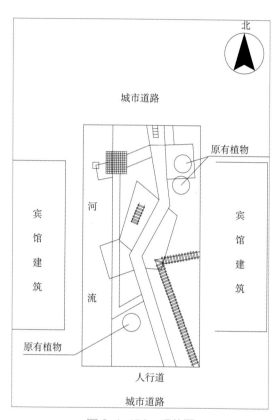

图2-1-156 现状图

园林植物与其他园林要素组景

项目2
各类绿地园林植物景观设计

数字资源

任务1　居住区绿地植物景观设计

学习目标

◼ 知识目标：

（1）熟练掌握居住区绿地的作用。

（2）熟练掌握居住区绿地的分类及特点。

（3）熟练掌握居住区绿地植物景观设计的原则。

（4）熟练掌握不同类型居住区绿地植物景观设计的方法。

◼ 技能目标：

（1）能够进行居住区植物景观总体设计。

（2）能够进行不同类型居住区植物景观详细设计。

◼ 素质目标：

（1）培养清晰的思路和严密的思维。

（2）培养职业责任感。

（3）培养团队合作意识。

（4）培养精益求精的工匠精神。

任务描述

图 2-2-1 所示为某省会城市的一个居住区图纸。该居住区面积为 18hm²，其中绿地面积大约 8hm²，居住区周边被城市主干道围合。该城市为国家历史文化名城、国家优秀旅游城市。

该居住区位于城市新区核心位置，毗邻商业街区及大型公园，配套设施健全，是典型的高档小区，建筑类型为欧式风格的高层建筑。居住区北侧主入口的前排为商业用途建筑，形成小型商业街，方便居民日常生活。居住区内部交通便利，中心区域设有地下停车场，地下停车场入口与主干道衔接。同时，小区内还设有地面停车场，方便居民就近使用。地下停车场上方承重良好，覆土厚度约 0.8m。

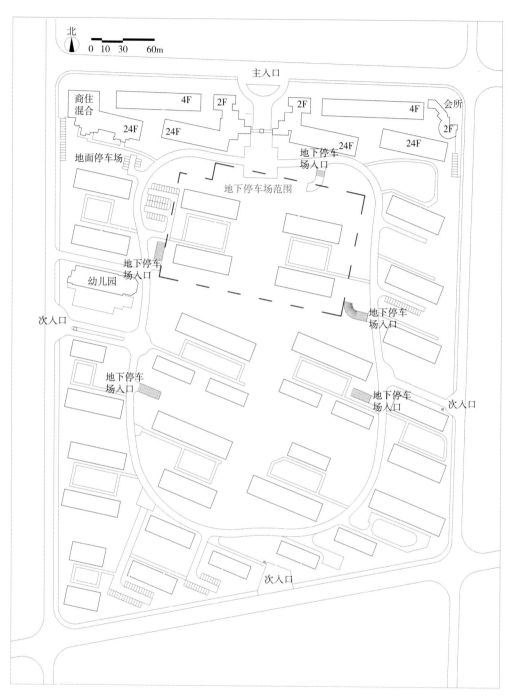

图 2-2-1　居住区平面图

　　该居住区是城市新区建设的重点工程，不仅为居民提供优美、功能全面的高质量居住环境，还承担着展示新城风貌、新时代人居方式的重要任务。要求根据本节所学知识，认真分析该居住区的现状，开展该居住区绿地的植物景观设计。

任务分析

应充分考虑居住区所处位置、居民情况、场地资源现状等信息，分析总体规划中风格定位、建筑布局及交通组织对绿地的影响，根据居住区绿地设计的原则及方法，首先进行居住区绿地的分类，在此基础上进行功能区划及植物景观分区规划，进而完成场地空间设计，并根据空间尺度及场地功能，选择适宜的植物种类和植物配置形式完成居住区绿地植物景观设计工作。

任务要求

（1）能够对居住区总体规划进行分析解读，明确居住区绿地的类型，并进行居住区景观功能分区。

（2）能够根据居住区景观功能分区中不同场地的功能要求，如主入口、商业街、老年人活动区、儿童活动区等，选择适宜的植物品种，完成植物列表。

（3）树种选择合适，植物配置符合规律。正确采用植物景观构图基本方法，灵活运用自然式、行列式、群植、孤植等种植方法。

（4）功能分区合理，风格独特。

（5）图纸绘制规范，完成居住区绿地植物种植设计图1幅。

材料及工具

测量仪器、手工绘图工具、绘图纸、绘图软件（AutoCAD、Photoshop）、计算机等。

知识准备

1. 居住区绿地概述

1）居住区绿地的作用

居住区绿地是城市绿地系统中重要的组成部分，是衡量人居环境质量的一项重要指标，在城市绿化中起到非常重要的作用。居住区绿地担负着改善和提升城市生态环境、营造绿色空间，为居民提供舒适的生活、休憩空间的重要职能，是与居民日常生活最为紧密、服务时间最长的城市园林绿地类型。居住区绿地的作用具体体现在以下3个方面。

（1）营造生态空间

居住区绿地具有较高的绿量，具备改善居住区内部生态环境、调节居住区内部小气候，从而创造舒适的人居环境，促进人与自然和谐共存、协调发展的生态功能。

（2）塑造景观空间

居住区绿地有优美的植物景观，具有美化环境、愉悦身心、振奋精神的审美功能。它不仅有利于城市整体景观空间的创造，而且可以大幅提高居民的生活质量和生活品位。

（3）提供休闲空间

居住区绿地是居民生活中距离最近的绿地空间，其绿地类型丰富，可以根据居民的需求，通过各种园林艺术化设计以及适宜的景观及服务设施布置，为居民提供高质量的休闲空间，以供居民户外休闲及日常交往使用。近年来，在《"健康中国 2030"规划纲要》的引导下，居住区绿地规划与设计更加重视休闲运动设施和场地的建设，充分满足居民室外运动、娱乐、游憩活动的需要，为全民健康助力。

2）居住区绿地的分类

此处各类居住区绿地是根据居住区结构进行划分，从而形成完整的居住区绿地体系。近 20 年正是我国城镇化进程不断加快、人民生活水平不断提升的重要历史时期，随着城市总体发展建设的变化，居住区结构形式也在不断更新。《城市居住区规划设计标准》（GB 50180—2018）中，居住区依据其居住人口规模主要分为十五分钟生活圈居住区、十分钟生活圈居住区、五分钟生活圈居住区和居住街坊 4 级。其中，公共绿地为各级生活圈居住区配建的公园绿地及街头小广场，对应城市用地分类 G 类用地（绿地与广场用地）中的公园绿地 (G1) 及广场用地 (G3)，不包括居住街坊内的绿地。新的分类方式下，绿地的类型涵盖广泛。由于本章节重点论述居住区绿地植物景观设计，通过中小尺度项目实操引导学生开展学习，因此，沿用了《城市居住区规划设计规范》(GB 50180—1993) 的分类方式，将居住区公园、居住小区游园与其他居住区绿地一同进行介绍。

根据《城市居住区规划设计规范》(GB 50180—1993)，居住区内绿地应包括公共绿地、宅旁绿地、配套公建所属绿地和道路绿地。其中包括了满足当地植树绿化覆土要求的地下或半地下建筑的屋顶花园。

（1）公共绿地

居住区内的公共绿地是居住区内居民公共使用的绿地，其位置适中并靠近小区主路，适宜于各年龄段的居民使用，其服务半径以不超过 300m 为宜。居住区内的公共绿地包括居住区公园、居住小区游园、组团绿地 3 种类型，是居住区绿地景观营造的核心区域，一般能够很好地代表居住区的整体景观风貌及特色，具有较好的设计水平和艺术效果，同时对居民的服务能力突出。因此，对居住区公共绿地设计的要求较高。

由于居住区内以居住建筑为主，因此，绿地地块相对有限且分散。需要根据不同居住区场地、规划组织类型等的特点，设置相应的中心绿地、老年人活动场地、儿童活动场地、健身场地及其他的块状、带状公共绿地等，见表2-2-1所列。

表2-2-1　居住区公共绿地分类

类型	特征	位置	面积	服务半径
居住区公园	是指按居住区规模建设，具有一定活动内容和设施的配套公共绿地。为全居住区的居民服务	通常布置在居住区中心位置，毗邻居住区级道路	面积2~5hm²，最小面积1hm²	服务半径为800~1000m，步行5~10min可以到达
居住小区游园	是为居住小区的居民服务而配套建设的具有一定活动内容和设施的集中绿地	可以在小区中心部位，也可以在小区一侧沿街布置或在道路转弯处两侧沿街布置	面积1~2hm²，最小面积0.4hm²	服务半径为400~500m，步行3~5min可以到达
组团绿地	是直接靠近住宅建筑的绿地，是结合住宅群的不同布局形态配置的又一级公共绿地。主要为本组团内的居民共同使用	与建筑紧邻，其位置往往在建筑之间或一角较为开阔的地方，分散于居住区中	面积0.1~0.2hm²，最小面积0.04hm²	服务半径为100~200m，步行1~2min可以到达

（2）宅旁绿地

宅旁绿地也称宅间绿地，一般位于行列式住宅前后两排住宅之间，其大小、宽度取决于楼间距，一般包括宅前、宅后绿地等。宅旁绿地是住宅内部空间的延续和补充，也是居住区中数量最多、居民最常使用的一种绿地形式。宅旁绿地一般只供本幢楼的居民使用，因此，宅旁绿地可作为独立的公共活动场所，配置相应的娱乐设施，如简单的休息、健身设施或儿童活动设施等，便于老年人、儿童等就近使用。在居住区总用地中，宅旁绿地面积约占35%，其主要功能就是美化生活环境，阻挡外界视线、降低噪声、减少灰尘等，为居民创造一个安静、卫生、优美、舒适的生活环境。

（3）配套公建所属绿地

配套公建所属绿地是居住区内各类公共建筑和公共设施四周的绿地。例如，物业中心、健身馆、幼儿园、商店等服务类建筑周围的绿地，还有其他块状观赏绿地等。其绿化布置要满足公共建筑和公共设施的功能要求，并考虑其与周围环境的关系。

（4）道路绿地

居住区道路绿地是居住区用地范围内的道路红线以内的绿地，其靠近城市干道，具有遮阴、防护、丰富道路景观等功能，要根据道路的分级、地形、交通情况等进行绿化布置。

2. 居住区绿地植物景观设计程序

居住区绿地植物景观设计是一个综合性规划项目，重点在于协调人们日常生活需求与自然环境的关系，营造优美、舒适、可持续的人居环境。其开展的程序包括项目基础概况调查与分析、方案规划与设计、施工图设计等。

1）项目基础概况调查与分析

居住区绿地景观设计之初的主要任务包括 3 个：基础资料调查与分析、绿地现场勘查及明确设计要求。

（1）基础资料调查与分析

①居住区总体规划 相关技术图纸是项目开展的基础，因此，需要认真解读居住区总体规划的创意与定位，了解居住区总体规划中的建筑风格、类型、数量及布局，以及交通组织及管线工程等相关内容，作为居住区绿地景观设计的依据。

②居民情况 包括居民人数、年龄结构、文化水平、共同习惯等。了解居民情况便于确定居住区绿地景观的功能与形式。比如，有的居住区位于城市 CBD 商业中心附近，为典型的白领居住区，居民以青壮年居多。该类居住区绿地景观设计侧重于休闲空间营造，植物景观宜选择简洁、现代化的配置形式，打造高端、时尚、开朗的景观环境。而有的居住区位于城市老区，居民以家庭为单位，老年人和儿童居多，这类居住区绿地需要重视老年人活动场地与儿童活动场地的设置，强化宅间绿化的功能性。

（2）绿地现场勘查

环境调查和资料收集工作是后期方案设计的重要依据。应根据前期搜集到的相关技术图纸等资料，在甲方的陪同与介绍下，对照图纸进行核准并记录重点信息。其中，居住区植被现状调查与分析是本阶段的工作重点，可以通过草图勾勒、拍照、拍视频等方式进行重点记录。绿地现场勘查内容包括：

①场地外植被情况 包括场地外现有林地资源情况。考虑是否可以将其作为居住区绿地的拓展区域或景观背景，以便更好地提升居住区的环境质量。

②场地内植被情况 包括场地内乔木、灌木、地被和水生植物现状等。根据植物的珍稀程度、美观度、长势等进行判别，尤其是优良大树、古树名木等，确定保留数量、类型。有条件的情况下，进行详细的调查，调查项目有树种、树高、郁闭度、密度、树形、生长势等，以便于后期进行就地保护、迁地保护等工作，更好地利用场地现有植物资源进行造景。

③场地内生物多样性情况 重视居住区内可能存在的动植物依存关系，提高生物多样性，构建更为稳定的生态系统。比如，山东省东营市是世界重要的候鸟迁徙地，有着丰富的鸟类资源，因此，在居住区绿地景观设计中，应根据鸟类的生活习性适当地进行食源植物的种植来吸引鸟类。通过这样的引鸟工程，可以提升居住区绿地的生物多样性，为居民营造人鸟共生的和谐居住环境。

④居住区绿化的可能性　植物是有生命的园林景观设计要素，受风、光、水、土、热等相关因素的直接影响。因此，居住区绿地景观设计不仅需要关注现有植被情况，还需要重点调查与植被相关的地形、水体、建筑设施、地上和地下管线工程等信息，考虑居住区绿化的可能性。

（3）明确设计要求

居住区绿地景观设计是居住区规划设计的重要环节，依托于居住区总体规划。在前期资料收集及分析工作的基础上，明确居住区总体规划的定位和特点，进而与甲方进行深入的交流，明确甲方对设计任务的具体要求、设计标准、投资额度等，形成设计意向并做出有针对性的调研分析报告。这一过程可能需要多次沟通，才能达成共识。

2）方案规划与设计

（1）居住区绿地景观风格定位与主题

根据绿地环境调查和资料收集、与甲方探讨等所得的信息，确定居住区绿地景观的风格，提取能反映居住区特色的景观元素，确定景观主题。

●依托居住区总体规划及建筑风格确定居住区绿地景观的风格定位。比如，现代居住区多为欧式风格的高层建筑，风格定位应该以规则式或混合式园林为主，不适于新中式园林的风格。

●根据居住区的区位环境、居民的职业和年龄、建筑布局及各类型绿地分布等情况确定使用者、人流方向、主要观赏方式，进而进行居住区绿地的功能分区，提高绿地使用功能的合理性，满足居民日常娱乐、生活所需。

●挖掘地方文化特色和历史底蕴，深化居住区的文化内涵。通过居住区绿地的景观表达（包括文化交流空间、景观设施、乡土植物及典型群落应用），反映地域文化特色。

（2）居住区绿地景观设计方案

根据对居住区总体规划的风格定位、主题和设计原则的思考，结合居住区特点，经过分析、构思，完成居住区绿地景观设计方案。包括：

①景观功能分区及景观组织　根据功能要求和景观要求，划分不同的空间，确定不同的分区，明确不同空间和区域满足居住区居民不同的使用需求。分析景观空间的结构关系，明确景观节点和核心景观；分析主要观赏方式和观赏面，组织观景视线。景观功能分区图主要反映不同空间、分区的范围及彼此之间的关系，通常用色块或圆圈等（泡泡图）进行示意。

②植物景观分区规划　根据总体设计图的布局、设计原则以及苗木来源的情况，在景观功能分区及景观组织的基础上，分析每一个分区地块内的主题特色、景观要素（地形、地势、水体、景观建筑及设施），在此基础上确定各个分区的植物景观类型及

基调。比如，居住区公园相对面积较大，有微地形起伏，可以定位为疏林草地；而居住区边缘建筑两侧毗邻城市干道的连贯的宅旁区域，可以进行防护林处理，起到隔音、降噪、美化的作用。该阶段图纸为彩色平面图，可以通过 Photoshop 完成。

③植物景观设计　根据植物景观分区规划，确定居住区绿地各局部的基调树种、骨干树种、造景树种，确定不同植物景观分区中的密林、疏林、林间空地、林缘等种植形式和树林、树丛、树群、孤植树等的栽植点。综合考虑植物的生态习性、景观特征等，选择适宜用于居住区绿化的植物，进行乔、灌、草搭配的植物景观配置。该阶段图纸可以通过 AutoCAD、Photoshop 完成。

筛选适宜植物：选用乡土植物、常用造景植物，完成植物材料表。

确定各景观功能分区的基调树种、骨干树种：基调树种、骨干树种以密林、疏林草地形式布置，可以用云线表示；较为稀疏的区域可以用多个单株图例展示。

确定造景树种（包括乔、灌木）：重视场地原有古树名木及大树，其可独立成为景观主体。可用单株图例表示。

选择地被植物：包括宿根花卉，一、二年生花卉及小型灌木等，是近尺度观赏的重点。其有着色彩丰富、形式多样的特点，需要根据景观节点的特色及乔、灌木情况进行配置。表现形式为"云线造型轮廓 + 填充不同的图案"。工程量统计单位一般为平方米（m^2）。

配置可移动种植设施：有些重要的景观节点如售楼处、居住区入口、商业街区等，由于总体规划布局及设计，其硬质场地集中，缺少种植条件，对于这类区域可以采用灵活便捷的可移动种植设施进行装饰。

④植物景观施工图设计　将前一轮已经确定的植物景观设计方案进行施工图绘制，以便于施工阶段精准定位及工程量的准确核算。该阶段图纸可以通过 AutoCAD 完成。工程量核算可以采用 Excel 文档进行。

3）施工图设计

（1）设计说明书

主要内容包括设计者的艺术构思、设计要点、现状调查、植物景观分区规划、植物造景分析、该地块的功能作用及对该城市生活影响的预测和各种效益的评价。一般格式为 Word 文档。

（2）方案设计图纸

主要图纸包括：总体平面图、景观功能分区图、现状植物景观调查分析图、植物景观分区规划图、植物景观设计图（根据甲方要求可含总平面图、局部平面图、景观节点效果图、重要景观节点剖立面图等）、植物景观施工图（乔木种植施工图、灌木种植施工图、地被植物种植施工图、可移动种植设施分布图）等。

（3）工程概算

施工图设计中的园林绿化工程概算应包括工程绿化用树、造价、数量等内容。若局部有因造景需求进行的微地形改造等，需增加园林土建工程概算，包括工程名称、建设情况、造价、用料量等内容。一般格式为 Word 或 Excel 文档。

3. 居住区绿地植物景观设计原则及植物选择

1）居住区绿地植物景观设计的原则

• 居住区绿地植物景观设计应与居住区总体规划同时进行、统一规划，使绿地合理分布在居住区内部，绿地指标、功能得到平衡，方便居民使用。如果居住区规模大或离城市公园绿地比较远，应规划布置较大面积的公共绿地，再与各组群的小块公共绿地、宅旁绿地相结合，形成以中心绿地为中心、道路绿地为网络、宅旁绿地为基础的点、线、面绿地系统，使居住区绿地能合理地与周围城市园林绿地相衔接，尤其是与城市道路绿地相衔接，使居住区绿地融入城市绿地中。

• 要充分利用地形、原有树木、建筑等原有条件，因地制宜，以节约用地和资金。尽量利用劣地、坡地、洼地以及水面作为绿化用地，并且要对古树名木加以保护和利用。

• 居住区绿化应以植物造景为主进行布局，利用植物组织和分隔空间，改善环境卫生与气候；利用绿色植物塑造绿色空间的内在气质，风格应亲切、平和、开朗。各居住区绿地也应突出自身特色，各具特点。

• 居住区内各组团绿地既要保持风格的统一，又要在立意、布局方式、植物选择上力求多样性，使得整个居住区绿地统一中有变化。

• 居住区内尽量设置集中绿地，为居民提供一个绿地面积相对集中、较开敞的游憩空间和相互沟通、交流的活动场所。

• 充分运用垂直绿化、屋顶花园、墙面绿化等多种形式，增加绿地面积，提高空气质量，改善居住环境。

2）居住区绿地植物配置与树种选择

居住区绿地中，最能体现绿化效果的要素是植物材料。植物的大小、形态、色彩、质地等特性千变万化，为创造丰富的景观提供了很好的基础。

（1）植物配置的原则

①要充分考虑到功能要求　例如，宅旁绿地要选择降低噪声能力强的植物；道路

绿地要尽量选择冠大荫浓、遮阴能力强的植物等。

②**考虑四季景观**　植物有很强的季节性，在营造植物景观时，要采用常绿树与落叶树、乔木与灌木、速生树种与慢生树种的搭配，而且要选择观赏价值高的植物，如色叶植物等。

③**树木、花草种植形式要多样**　可孤植、对植、列植、丛植、群植，也可多种配置形式结合在一起。

④**力求统一中有变化**　首先选择居住区的基础树种，在基础树种的基础上，再多配置几种植物，营造多样性的空间。

⑤**选择生长健壮、有特色的树种**　可大量种植宿根花卉或球根花卉等繁衍能力强的花卉，既能节省人力、物力，又能形成良好的观赏效果。

（2）植物材料的选择

居住区绿化的植物选择应该多样，乔木、灌木、花卉与地被植物都要应用到居住区绿化设计中。乔木的选择，应尽量选择冠大荫浓、根系深的树种，同时还要考虑到树种的飞絮问题，选择无毒、无刺激性气味的植物；如果采用落叶植物，应选择绿叶期较长的树种，因为其形成的景观较持久或发挥的生态效益较大。灌木的选择，则偏重于考虑其形态特征，尽量选择观花效果好的灌木。花卉的选择，尽量选择宿根花卉或球根花卉等繁衍能力强的植物，选择色彩艳丽、装点效果好的花卉。

4. 居住区绿地植物景观设计方法

1）公共绿地

（1）居住区公园

居住区公园是供整个居住区居民使用的功能绿地，是居住区绿地中体块最大的绿地。按照《城市绿地分类标准》（CJJ/T 85—2017），居住区公园用地性质属于G1类城市公园绿地，因此其景观设计可参照城市公园。但由于其主要服务于所属居住区内居民，服务对象单一，因此，必须根据居民的日常生活习惯和休闲方式进行设计。设计要点包括：

①**以居民日常休闲及生活习惯为导向，满足功能需求**　居住区公园的布局与城市小公园相似，设施比较齐全，内容比较丰富，应充分做到以人为本，关注不同人群的需求，如老年人、儿童、青少年的需求，在设施种类、数量、位置安排及形式选择上均要考虑便捷性（图2-2-2）。

②**遵循总体规划的风格及立意，善用植物造景，实现审美功能**　充分利用地形、

水体，使植物景观与建筑物结合，营造意境、以景取胜，形成表现自然风光与人文情怀的优美景色。

③注重动静分区，划分不同空间类型　居住区公园一般受面积限制，布置紧凑，各功能分区或景区间的节奏变化快。因此，在重视功能分区的同时，注意利用植物对动与静、开敞与私密空间进行软分隔，保障居民的各种日常使用需求。

④把握居民出行规律，确保安全需求　与城市公园相比，居民在居住区公园的游园时间比较集中，多为早晨和夜晚，特别是夏季的晚上是游园高峰，要在绿地中加强照明设施，减少大型灌木的丛植，避免居民在植物丛中因黑暗而出现危险。

（2）居住小区游园

居住小区游园是供整个小区居民使用的公共绿地，一般与小区级道路相邻，同时面向道路应设置主要出入口。居住小区游园应与小区总体布局密切配合，综合考虑，全面安排，妥善处理好与周围其他城市绿地的关系，尤其要注意与道路绿地的衔接。其位置选择应尊重小区居民的使用需求，一般与小区的公共活动中心（如会所、室内体育馆等）相结合，形成便于居民使用的绿色生活空间。居住小区游园需要有一定的功能分区，设置不同的场地及活动设施，如水景花坛、花木草坪、景观雕塑、老年人和儿童活动设施、铺装地面及停车场等（图 2-2-3、图 2-2-4）。由于居住小区游园规模不大，宜将功能相近的活动场地布置在一起，不同功能空间之间既要相互分隔，避免形成干扰，又要相互联系，同时还要注意空间的尺度感。居住小区游园宜以植物造景为主。根据地形及空间环境，可以点植大乔木，适当辅以花灌木，增加宿根花卉的种类，形成乔、灌、草结合的精致群落；场地周边区域

图 2-2-2　便捷的休息设施

图 2-2-3　居住小区游园场地空间

图 2-2-4　居住小区游园的设施

宜选用花境的处理方式，围绕边界进行美化处理，营造近尺度的美景空间；对于硬质铺装较多的广场类空间，适当栽植乔木，使用坐凳式树池，形成林下舒适的休憩环境。

居住小区游园平面布置形式原则上分为规则式、自然式和混合式。

①规则式　又称几何式、整形式。具有庄严、雄伟的效果，但在面积较大的区域利用这种形式会有些单调，缺乏活泼之感。

②自然式　又称风景式、自由式。以模仿自然为主，不要求严整对称。居住区公共绿地普遍采用自然式布置形式，采用曲折流畅的弧线形道路，有时结合地形起伏变化。这种形式较易表现我国传统的造园艺术和手法，能在有限的面积中取得理想的景观效果。植物配置也模仿自然群落，与建筑、山石、水体融为一体，体现自然美。

③混合式　根据居住区功能要求，以规则式、自然式兼用的形式灵活布局，能表现不同的空间艺术效果，因此，是一种比较理想的布局形式。

（3）组团绿地

组团绿地与组团道路相邻，同时与居住建筑组团相结合。受居住建筑组团布局的制约，组团绿地的规模、位置、形式具有多样性，包括以下几种（图2-2-5）。

由于组团绿地离居民居住环境较近，居民的使用频率较高，因此，组团绿地设计首先要满足邻里交往及居民户外活动的需求（图2-2-6）。组团绿地的布局及植物配置要各有特色，或渗透文化内涵，或形成景观序列；要注重空间领域感的塑造，增强组团的可识别性，使居住在其中的居民有归属感和认同感。但由于面积有限，组团绿地不能像居住区公园那样进行多个功能区划分，因此，需要综合考虑居住区绿地总体规

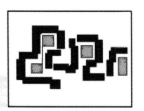

a. 周边式住宅组团的中间

b. 自由式住宅组团的中间

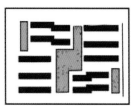

c. 行列式住宅山墙之间

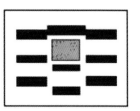

d. 扩大的住宅间距之间

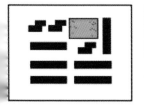

e. 住宅组团的一侧

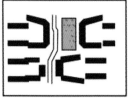

f. 住宅组团之间

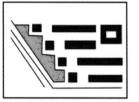

g. 临街布置

h. 沿河带状布置

图2-2-5　组团绿地的形式

图 2-2-6　组团绿地

划，精心安排适宜的活动空间，如老年人活动场地、儿童活动场地等。

居住区组团绿地属于半公共空间，宜用植物、景观小品、地面高差及地面铺装的变化等来灵活划分空间，使其在视觉上保持整体的统一和完整。要利用植物围合空间，地面除铺设硬质铺装外，宜多铺草种花。为了获得较高的绿化覆盖率，并保证活动场地的面积，也可采用在铺装地面上留穴种乔木的方法。避免在靠近住宅处种树过密，造成底层房间阴暗和通风不良。

2）宅旁绿地

（1）宅旁绿地植物景观设计要点

总的来看，宅旁绿地的植物景观设计需要注意以下 4 点：

●应结合住宅的类型和平面特点、建筑组合形式、宅前道路等进行布置，形成公共、半公共、私密空间的有效过渡。

●设计中应考虑居民日常生活、休闲活动及邻里交往等的需求，创造宜人的空间。由于老年人和儿童对宅旁绿地的使用频率最高，应适当增加老年人和儿童的休闲活动设施。

●应根据当地的土壤和气候条件、居民爱好等选用乡土树种，让居民产生认同感及归属感。

●应考虑绿地内植物与近旁建筑、管线和构筑物之间的关系。一方面，避免乔、灌木与各种管线及建筑基础相互影响；另一方面，避免植物影响底层居民的通风和采光。

（2）宅旁绿地植物景观设计侧重点

受建筑布局及使用功能的影响，不同宅旁绿地的植物景观设计侧重点有所不同。

①宅前绿地　分为单元门前用地和用户花园两部分。

单元门前用地为整个住宅单元所有，是每幢住宅使用最频繁的过渡性小空间。其绿化设计需要适当扩大使用面积，进行一定的围合处理，如设置绿篱、矮墙、花境等；临近单元入口区域可以用整形灌木进行对植，强调其标识特征（图2-2-7）。

用户花园为底层住宅的小院，这部分空间为私人空间。绿化设计的风格与形式可以根据花园主人的喜好自行安排。植物的种植方面，宜与其他造园要素结合，以选用小体量的草本植物和灌木为主，适量选用中小乔木，以保证花园内有较好的采光和通风条件，并避免拥挤、闭塞之感。有毒、有飞絮、有臭味的植物不宜选用。还可根据花园主人的喜好种植一些蔬菜、果树及药用植物，营造富有生活情趣的场景。此外，为保证小区的整体风貌，可以在花园边缘统一采用绿篱或栅栏进行围合。

②庭院绿地　包括各种活动场地及宅旁小路等，为宅群或楼幢所有，主要供场地四周的住户使用。其绿化设计中的活动空间类型的选择应综合考虑居住区公共绿地的空间距离及功能性，进行功能的有益补充，就近服务居民。比如，居住区公共绿地的儿童活动区距离当前的宅间场地较远，且交通线路周折，则可在这个宅间场地设置儿童活动区，以使居住区内部各类型空间达到均衡，并提高其服务能力。设计宜以植物造景为主，力求为拥塞的住宅群加入尽可能多的自然元素，使有限的庭院空间产生最大的绿化效益。各场地之间宜用砌铺小路进行衔接。设施选择可以小型雕塑、廊架、座椅等服务设施为主，便于居民休憩（图2-2-8）。

③余留绿地　是上述两种用地范围外的边角余地，大多是住宅群体组合中领域模糊的空间，如山墙间的绿地、小路交叉口、背对背住宅间的绿地、住宅与围墙间的绿地等。这类绿地通常面积较小或交通不便捷而不宜开辟活动场地，宜用栅栏或装饰性绿篱围合，中间铺设草坪或点缀花木以供观赏，形成封闭式的装饰绿地。需要注意的

图2-2-7　宅前绿化地

图2-2-8　庭院绿地

图 2-2-9　余留绿地的防护隔离林带

图 2-2-10　居住区级道路绿地

是，有的余留绿地位于住宅与围墙之间，紧邻城市干道。这种情况下，可采用乔木成片种植形成防护隔离林带，起到隔音、降噪、防尘、通风的作用（图 2-2-9）。

3）道路绿地

居住区道路绿地是联系居住区内各类绿地的纽带，承载着居民日常交通，与居民生活联系紧密。居住区道路绿地的绿化功能主要是美化街景、标识景观、隔音、降噪、防尘、通风、保护路面等。其绿化设计要根据道路级别、性质、断面组成、地上及地下管线设施状况等进行综合考虑。居住区道路绿化树种的选择、植物的配置方式应不同于城市街道，形成居住区道路的特色。

（1）居住区级道路绿地

居住区级道路也称主干道，是联系各小区及居住区内外的主要道路，路面宽阔，断面形式较为丰富，车行比较频繁（图 2-2-10）。绿化设计中，首先，应根据各条主干道的实际情况选择不同树种，确定主、基调，强化标识性。宜选择抗性强、体态雄伟、景观效果好、树冠宽阔的乔木，使主干道绿树成荫、景观特色鲜明。其次，在人行道和居住建筑之间可设置乔、灌、草结合的多层次复合带状绿地，或结合建筑山墙、路边空地采取自然式种植，起到隔离防护的作用。此外，行道树的栽植要考虑行人的遮阴与车辆的交通安全，在交叉口及转弯处要留有安全视距，树种选择分枝点高的落叶乔木。人行道绿带可用耐阴花灌木和宿根花卉种植形成花境，丰富近尺度道路景观。

（2）居住小区级道路绿地

居住小区级道路是居住区的次干道，承担联系居住区主干道和小区内各住宅组团道路的职能。其以人行为主，车行次之。绿化布置应着重考虑居民观赏、游憩需要，树种选择上宜多选用一些观花、色叶树种，赋予每条道路不同特色，如樱花大道、红枫大道等，形成特色景观路，便于行人识别道路及方向（图 2-2-11）。

图 2-2-11 居住小区级道路绿地　　　　　　图 2-2-12 住宅组团道路绿地

（3）住宅组团道路绿地

住宅组团道路是居住区的支路，是联系居住区次干道和宅前小路的道路，其绿化与建筑关系较为密切（图 2-2-12）。以人行为主，仅在必要时有消防车、救护车、搬运车等通行。道路绿化一般与组团绿地结合整体考虑。如果有尽端式回车场地，可结合绿地布置成活动场地。

（4）宅间小路绿地

宅间小路是连通居住区主干道、次干道，通向住宅单元入口的道路，以人行为主（图 2-2-13）。宅间小路绿地一般与宅间绿地布置成一个整体，在小路交叉口、住宅入口处可以适当拓宽，以便救护车、搬运车等能临时靠近住宅入口。靠近住宅的小路旁绿化，不能影响室内采光和通风，如果小路距离住宅 2m 以内，则只能种花灌木或草坪。行列式住宅的各条宅间小路，绿化形式应多样化，形成不同景观，以提高识别性。

（5）停车场绿地

居住区停车场绿地根据所处位置不同分为地面停车场绿地及地下停车场上方绿地。

①地面停车场绿地　地面停车场布置方式包括围合式、树阵式和沿建筑线性排列式 3 种，其绿化布置和效果也相应不同。围合式停车场的绿化设计要求密集列植灌木和乔木，乔木树干要求挺直；停车场周边也可围合装饰景墙，或运用攀缘植物进行垂直绿化设计。树阵式停车场占地面积较大，适合用地宽裕的居住区，采用高大乔木行列式种植，防晒功能较好；宜选择深根性、分枝点高、冠大荫浓的庇荫乔木；由于受车辆尾气排放影响，车位间绿化带不宜种植草本花卉；为满足车辆垂直停放和植物保水要求，绿化带一般宽 1.5~2m，乔木沿绿带间距应不小于 2.5m。沿建筑线性排列式停车场靠近建筑物，使用方便，但车辆噪声和反光对周围建筑有较大影响，景观上也显得杂乱。其绿化设计宜采用地面铺装和植草砖相结合，植草砖宜选用耐碾压的草种。

周边绿化可结合宅间绿地进行布置，种植一些能够吸收有害气体和粉尘的乡土树种进行防护（图2-2-14）。

②地下停车场上方绿地 地下停车场普遍存在于具有高层建筑的居住区，一般位于居住区入口或建筑集中的核心区域，毗邻居住区级道路及居住小区级道路，方便车辆进出，同时减少对居民日常生活的影响。其绿化设计需要考虑承重及覆土深度，局部进行微地形处理，以便于乔木类种植（图2-2-15）。该绿地有时与居住区公共绿地结合紧密，可以作为公共绿地进行设计，但需注意避免人流较大的活动场地设计。植物选择应以灌木及草本为主，乔木作为点景。设计形式上宜花境与模纹花坛结合形成图案式景观，既保证行人的观赏需求，也能丰富高层空间俯视景观。

图2-2-13 宅间小路绿地

4）配套公建所属绿地

配套公建所属绿地是指居住区或居住小区中公共建筑及公共设施用地范围内的附属绿地。相较于公共绿地和宅旁绿地，公共建筑及设施专用绿地使用频率较低，但同样具有重要的功能。其设计要点如下：

图2-2-14 地面停车场绿地

（1）教育类

包括幼儿园、小学及中学等附属绿地。根据学校教学的室内外活动需求，构成建筑物与绿化庭院相结合的大小不一、开敞而富有变化的活动空间，包括适于文体活动的草坪空间、游戏场地等。设施构成可以包括游戏设备、操场、体育设施、休息廊架、座椅等。宜选用生长健壮、病虫害少、无毒、无刺、管理粗放的植物。树种选择以大型遮阴落叶乔木为主，灌木绿篱为辅进行边界围合。有条件

图2-2-15 地下停车场上方绿地

的情况下，还可以设置生物实验园区，如果蔬园、小动物饲养地等。

（2）医疗卫生类

包括社区医院、社区门诊等建筑周边绿地。该类绿地一般是半开敞的空间与自然环境（植物、地形、水面）相结合，形成舒适、安静的休憩空间，与其他区域隔开，降低噪声、防止空气污染，保证良好的环境条件。交通组织方面宜采用缓坡道路衔接无障碍设施，以保证病患通行的便捷性。树种方面宜选用树冠大、遮阴效果好、病虫害少的乔木，以及药用植物和其他具有杀菌或抑菌作用的植物。

（3）行政管理类

包括居委会、街道办事处、房管所等附属绿地。宜利用绿化弥补和协调各建筑在尺度、形式、色彩上的不足，并减小噪声、灰尘对办公的影响，以便形成安静、卫生、优美、具有良好小气候条件的工作环境，有利于提高工作效率。绿化设计方面，可通过绿地将各孤立的建筑有机地结合起来，构成连续围合的绿色前庭空间，设置简单的文体设施和宣传展廊、报栏等，以丰富居民的业余文化生活。植物景观方面，可利用灌木、绿篱围成院落，起到隔离作用；庭院内宜栽植庭荫树、果树，树下可种植耐阴经济植物（图2-2-16）。

（4）商业餐饮服务类

包括百货商店、副食菜店、餐厅（图2-2-17）、书店等的附属绿地，常位于建筑群内的步行道及居民交往的公共开敞空间。绿化设计方面，应重视标志性雕塑、标识牌、座椅、垃圾桶、广告牌等的有机组织，系统性点缀并强化商业气氛，避免混杂从而影响景观效果。同时，需注意通过临时性景观的设计，营造各类节庆或不同季节特色的景观氛围。植物景观方面，根据实际情况，在入口、交通节点等位置选择景观造型突出的植物作为主景；在硬质场地多、没有充足绿地的空间，采用可移动式花钵种植时令花卉进行装饰。

图2-2-16　会馆建筑外围绿化

（5）文化体育类

包括电影院、文化馆、运动场（图2-2-18）、青少年之家等的附属绿地。一般是沿着建筑设施呈辐射状与广场绿地直接相连形成开敞空间，广场成为大量人流集散的中心。其绿化需强化公共建筑的个性特征及功能需求，形成亲切、热烈的场所氛围。需设置照明设施、座椅、垃圾桶、标识牌、广告牌等服务设施；采用坡道形式，实现无障碍通行。植物选择以生长迅速、健壮、挺拔、树冠整齐的乔木为主。运动场上的草坪应选择耐修剪、耐践踏、生长期长的草种，以降低维护成本。

（6）基础设施类

包括垃圾站、锅炉房、车库、配电中心、建筑排风口（图2-2-19、图2-2-20）等的周边绿地。宜利用围墙、树篱、花篱、藤蔓植物等作屏障，阻隔外部的视线，减小噪声、灰尘、废气排放对周围环境的影响。植物宜选用抗性强、枝叶茂密、叶面多毛、能吸收有害物质的乔、灌木。墙面、屋顶可用爬蔓植物等进行绿化。

图2-2-17　餐厅附属绿地

图2-2-18　运动场绿地

图2-2-19　配电中心外围绿地

图2-2-20　建筑排风口周边绿地

1）现状分析

开展基础资料调查与分析、绿地现场勘查，明确设计要求。

品质定位：场地位于城市新区，定位为高端住宅区，因此绿化设计需要与之匹配。

风格定位：居住区内除北侧商用建筑外，均为高层建筑，楼层为24层。建筑风格为现代欧式。景观规划宜采用现代欧式风格，布局形式可以考虑混合式布局（图2-2-21、图2-2-22）。

场地分析：总体规划中，北侧主入口为开放型商业街区，由入口大门与内部封闭小区进行分隔。场地建筑布局较为规整，由主干道区隔为各个组团。因此，绿地数量丰富，类型多样。由于是荒地区域新建小区，场地内部没有明显地形、水体、保留建筑及植物资源。在此基础上，确定居住区内的绿地类型为：居住小区游园、组团绿地、宅旁绿地、商业步行街绿地及幼儿园配套绿地（图2-2-23）。

图2-2-21 居住区高层建筑立面

图2-2-22 居住区入口建筑

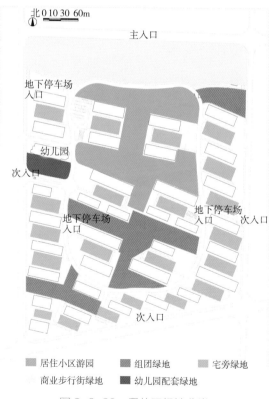

图2-2-23 居住区绿地分类

各类绿地园林植物景观设计

2）规划阶段

景观功能分区规划：根据现状调查及资料分析，确定小区设置商业步行休闲景观区、中心公共游园区等核心景观区。

植物景观规划：根据不同景观功能分区规划进行划分，有入口与主轴种植区、微坡地形种植区、大草坪特色种植区、滨水种植区、谷地特色种植区、商业步行种植区、缓冲种植带、观花植物种植区、色叶植物种植区 9 个特色植物景观区（图 2-2-24）。

植物选择：根据项目所处地域环境及居住区绿地植物配置原则，进行植物选择，确定骨干树种、基调树种和其他景观树种及植物，初步完成植物列表。

3）设计阶段

完成总平面图（图 2-2-25），然后进行各类绿地的详细设计，并根据其主题构思，完成对应的植物景观配置（图 2-2-26、图 2-2-27）。需重点考虑入口、主要景观节点

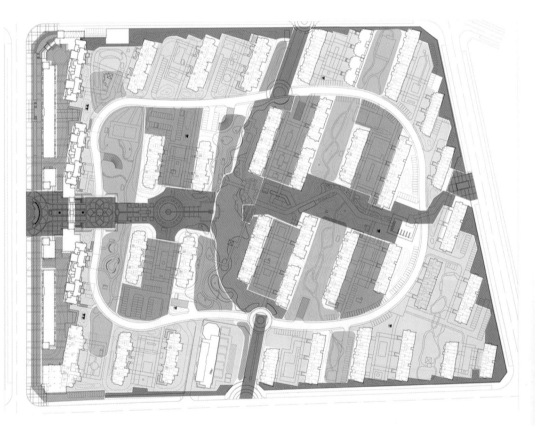

■ 入口与主轴种植区　　■ 滨水种植区　　　　■ 缓冲种植带
■ 微坡地形种植区　　　■ 谷地特色种植区　　■ 观花植物种植区
■ 大草坪特色种植区　　■ 商业步行种植区　　■ 色叶植物种植区

图 2-2-24　居住区植物景观规划

的景观设施及特色，进行典型景观的配置，营造不同的景观环境。地下停车场上方绿地承重良好，但覆土较薄，可以考虑局部进行微地形设计，为乔木提供生存条件，成为区域主景；同时也可考虑采用水池与湿生植物结合来丰富空间体验，提升小区的环境质量。

由于方案地块面积较大，为了便于学习，特此选取居住区内一块典型组团绿地的植物种植设计详图进行展示（图 2-2-28 至图 2-2-31）。

图 2-2-25　总平面图

图 2-2-26　中心游园微地形设计及意向图

各类绿地园林植物景观设计

图 2-2-27　宅间绿地设计及意向图

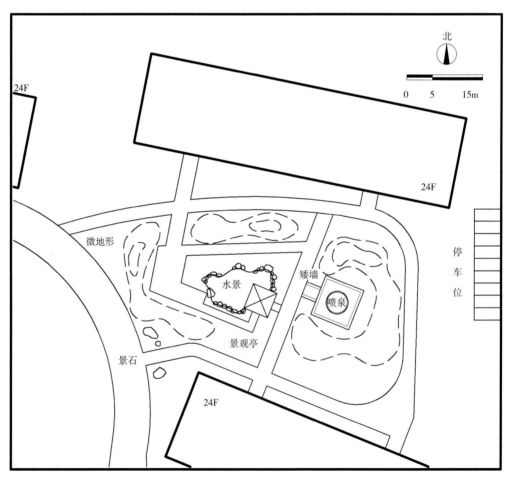

图 2-2-28　组团绿地平面图

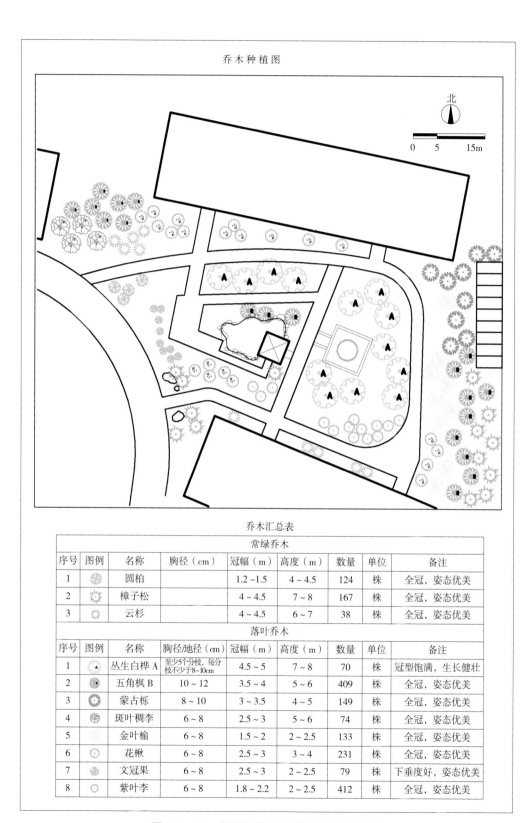

乔 木 种 植 图

北

0　5　15m

乔木汇总表

常绿乔木								
序号	图例	名称	胸径（cm）	冠幅（m）	高度（m）	数量	单位	备注
1		圆柏	1.2~1.5	4~4.5		124	株	全冠，姿态优美
2		樟子松		4~4.5	7~8	167	株	全冠，姿态优美
3		云杉		4~4.5	6~7	38	株	全冠，姿态优美

落叶乔木								
序号	图例	名称	胸径/地径（cm）	冠幅（m）	高度（m）	数量	单位	备注
1		丛生白桦A	至少5个分枝，每分枝不少于8~10cm	4.5~5	7~8	70	株	冠型饱满，生长健壮
2		五角枫B	10~12	3.5~4	5~6	409	株	全冠，姿态优美
3		蒙古栎	8~10	3~3.5	4~5	149	株	全冠，姿态优美
4		斑叶稠李	6~8	2.5~3	5~6	74	株	全冠，姿态优美
5		金叶榆	6~8	1.5~2	2~2.5	133	株	全冠，姿态优美
6		花楸	6~8	2.5~3	3~4	231	株	全冠，姿态优美
7		文冠果	6~8	2.5~3	2~2.5	79	株	下垂度好，姿态优美
8		紫叶李	6~8	1.8~2.2	2~2.5	412	株	全冠，姿态优美

图 2-2-29　组团绿地乔木种植图及植物列表

各类绿地园林植物景观设计

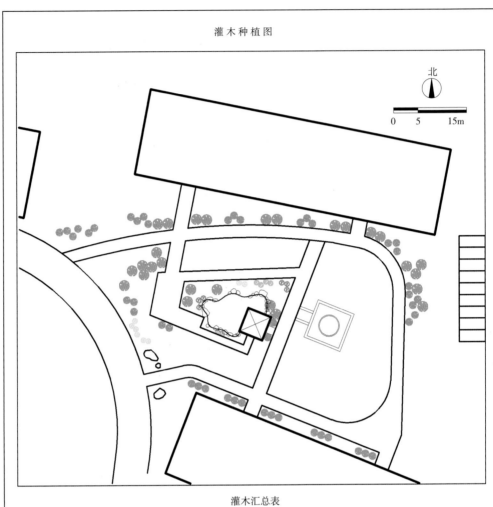

灌木种植图

北

0 5   15m

灌木汇总表

序号	图例	名称	胸径（cm）	冠幅（m）	高度（m）	数量	单位	备注
1		暴马丁香	10～12	2～2.5	3～4	465	株	全冠，姿态优美
2		重瓣榆叶梅		1～1.5	1.5～2	784	墩（4~5个分枝）	姿态优美
3		东北连翘		1～1.5	1～1.5	691	墩（4~5个分枝）	下垂度好，姿态优美
4		黄刺玫		1～1.5	0.8～1	266	墩（4~5个分枝）	姿态优美
5		八仙花		1～1.5	1～1.5	545	墩（4~5个分枝）	全冠，姿态优美
6		锦带		1～1.5	1～1.5	139	墩（4~5个分枝）	全冠，姿态优美

图 2-2-30　组团绿地灌木种植图及植物列表

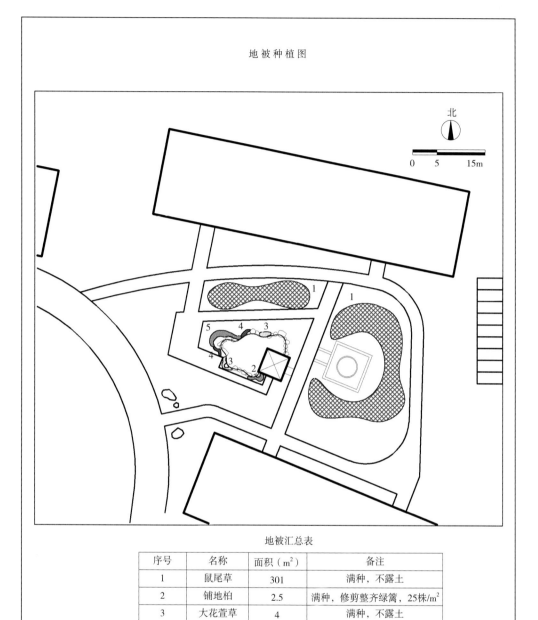

地 被 种 植 图

序号	名称	面积（m²）	备注
1	鼠尾草	301	满种，不露土
2	铺地柏	2.5	满种，修剪整齐绿篱，25株/m²
3	大花萱草	4	满种，不露土
4	美人蕉	2.5	满种，不露土
5	八宝景天	7.5	满种，不露土，3年生

地被汇总表

图 2-2-31　组团绿地地被植物种植图及植物列表

各类绿地园林植物景观设计

巩固训练

图 2-2-32 所示红色区域为东北某城市一居住区中的组团绿地,周边为高层建筑。绿地东北侧为地下停车场入口。绿地长、宽分别为 48m、48.5m,绿地北侧地下停车场上方覆土厚度为 0.7m,停车场顶部承重能力良好。该小区位于城市中心区域,周边毗邻大型商业区,建筑为简欧风格的公寓式住宅,居民多为白领等上班族。请根据其区位特征、使用人群及建筑布局关系等进行绿化设计,为居民提供一个良好的日常居住休闲、活动交流的优美环境。

要求:在对本任务理解的基础上初步完成居住区组团绿地的绿化设计图,包括平面图、主要节点的剖立面图及植物列表。

备注:请自行选定城市,并选择相应的植物。

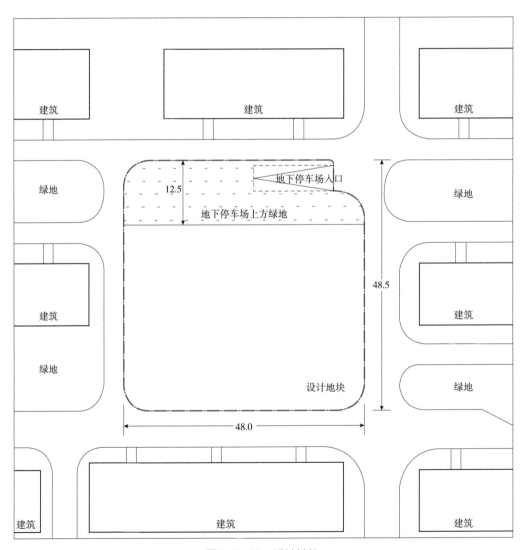

图 2-2-32　设计地块

任务 2　工业绿地植物景观设计

学习目标

■ 知识目标：

（1）熟练掌握工业绿地的作用及特点。

（2）熟练掌握工业绿地的分类及特征。

（3）熟练掌握工业绿地植物景观设计的原则。

（4）熟练掌握不同类型工业绿地植物景观设计的方法。

■ 技能目标：

（1）能够进行工业园区绿地植物景观总体设计。

（2）能够进行不同类型工业园区植物景观详细设计。

■ 素质目标：

（1）培养生态环保意识。

（2）培养清晰的思路和严密的思维。

（3）培养职业责任感。

（4）培养团队合作意识。

（5）培养精益求精的工匠精神。

任务描述

图 2-2-33 所示红色区域为东北某烟厂新厂区用地。该新厂区由两块方形地块组成，总体呈矩形，南北长约 950m，东西宽约 500m，总用地面积约 475 000m²，绿化面积 11 000m²，绿地率 23.16%。四周均临城市道路，交通便捷，区位优势鲜明。

新厂区无不良地形地貌，原始自然标高 114.24~117.98m，现有用地交通便利，市政配套条件良好，是较为理想的建设场地。

任务分析

该任务主要应考虑烟厂绿地景观生产防护功能、企业形象功能并重的要求，根据工业绿地植物景观设计原则和基本方法，并结合厂前区、生产区、防护区及小游园的功能需求进行植物景观设计。

任务要求

（1）厂区绿地功能分区定位准确，景观特色鲜明。

项目 2

各类绿地园林植物景观设计

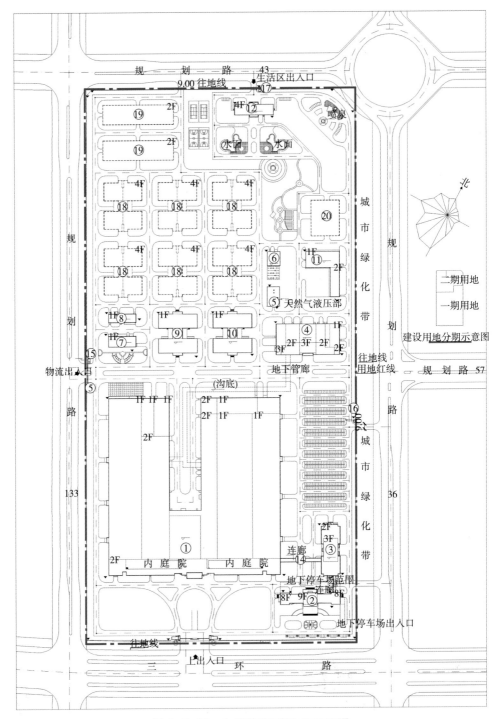

图 2-2-33　东北某烟厂新厂区平面图

（2）植物品种选择重视厂区生产特点，强化防护功能。

（3）正确采用植物景观构图基本方法，灵活运用自然式、行列式、群植、孤植等种植形式。

198

（4）植物配置符合规律，功能分区合理，风格独特。

（5）图纸绘制规范，完成厂区绿地植物种植设计图 1 幅。

材料及工具

测量仪器、手工绘图工具、绘图纸、绘图软件（AutoCAD、Photoshop）、计算机等。

知识准备

1. 工业绿地概述

工业绿地是指城市工业用地范围内的绿地，即城市工矿企业的生产车间、库房以及附属设施等用地内的绿地。工业绿地在工厂中要充分发挥作用，必须保证有一定的面积。《城市绿化规划建设指标的规定》中指出：工业企业绿地率不低于 20%，产生有害气体及污染的工厂中绿地率不低于 30%，并根据国家标准设立宽度不少于 50m 的防护林带。

1）工业绿地特点

工业绿地既具有其他园林绿地的一般特点，由于立地条件的特殊性，也有其自身的特点，主要表现在：

（1）环境条件恶劣，不利于植物生长

工矿企业在生产过程中产生废水、废气以及有害固体物质，使空气、水、土壤等受到不同程度的污染，虽然采取多种措施进行治理，但污染仍然存在。因此，工矿企业的绿地土壤污染物多，不利于植物生长，很难达到绿化标准。

（2）用地规划紧凑，绿化面积小

工业用地尤其是工矿企业的用地规划十分紧凑，建筑密度大，道路、各种管线、设施综合交错，绿化用地少之又少。为了达到国家相关规范的要求，需要"见缝插绿"，采用灵活的植物种植方式，如利用攀缘植物进行垂直绿化，或者建设屋顶花园等。

2）工业绿地作用

（1）保护生态环境，保障职工健康

工业生产对社会经济的发展起着十分重要的作用。与此同时，工业生产排放的废水、废气、固体废弃物对人类赖以生存的环境带来了严重的污染。园林植物具有净化空气、吸收有毒气体及有害物质的能力，可以减轻污染，改善厂区环境质量，保障职

工的身体健康，还具有固碳释氧、降温增湿等生态功能，对生态环境的保护和改善起着十分重要的作用。

（2）美化工矿企业环境，树立企业形象

在市场经济竞争激烈的社会背景下，良好的工矿企业环境对于企业的发展起着十分重要的作用。优美的植物景观是工矿企业环境的重要体现，有助于企业树立良好的形象。

（3）改善工作环境，提高劳动效率

工矿厂区的绿化可以形成绿树成荫、繁花似锦、清新整洁、富有生机的厂区环境，使职工不仅在紧张工作之余得到身心放松，而且能带着愉悦的心情投入到劳动生产中，提高劳动效率，为企业的发展做出更大的贡献。

2. 工业绿地植物景观设计程序

工业绿地景观设计重点在于协调工业用地各个功能区绿地需求、工业周边用地需求与自然环境的关系，营造健康、可持续、生态环境良好的工矿企业环境。其开展的程序包括项目基础概况调查与分析、方案规划与设计、施工图设计等。

1）项目基础概况调查与分析

工业绿地植物景观设计之初的主要任务包括：基础资料调查与分析、绿地现场勘查及明确设计要求。

（1）基础资料调查与分析

①**工矿企业总体规划** 相关技术图纸是项目开展的基础，因此，需要认真解读工矿企业总体规划的创意与定位，了解工矿企业总体规划中的建筑用途、类型、数量及布局，以及场地安排、交通组织及管线工程等相关内容，作为工业绿地植物景观设计的依据。

②**工业用途情况** 包括工业区的功能分区及各功能分区的绿地要求，工业区排放的废弃物种类，职工人数、年龄结构、文化水平、共同习惯，以及工业区周边用地性质等，有利于确定工业绿地植物景观的功能与形式。如有的工业区紧邻居住区，人口密集，该类型工业绿地植物景观设计除了要考虑对工矿企业的生态环境有所改善，为职工提供良好的工作环境之外，还要考虑排放的废弃物经过植物吸收是否能达到国家标准，以确保周边居民的生命安全。

（2）绿地现场勘查

环境调查和资料收集工作是后期方案设计的重要依据。应根据前期搜集到的相关技术图纸等资料，在甲方的陪同与介绍下，对照图纸进行核准并记录重点信息。其中，工业区植被现状调查与分析是本阶段的工作重点，可以通过草图勾勒、拍照、拍视频

等方式进行重点记录。绿地现场勘查内容包括：

①场地外植被情况　考虑是否可以将场地外现有林地资源作为工业绿地的拓展区域或景观背景，以便更好地提升工矿企业的环境质量。

②场地内植被情况　包括场地内乔木、灌木、地被和水生植物现状等。在不影响各功能建筑使用的基础上，要最大限度地保留生长茂盛的树木。根据植物的珍稀程度、美观度、长势等进行判别，尤其是优良大树、古树名木等，确定保留数量、类型。有条件的情况下，进行详细的调查，调查项目有树种、树高、郁闭度、密度、树形、生长势等，以便于后期进行就地保护、迁地保护等工作，更好地利用场地现有植物资源进行造景。

③场地内生物多样性情况　重视工矿企业内可能存在的动植物依存关系，提高生物多样性，构建更为稳定的生态系统。

④工业环境绿化的可能性　植物的生长受风、空气、光、水、土、热等相关因素的影响，因此工业绿地植物景观设计不仅需要关注现有植被情况，还需要重点调查与植被相关的地形、水体、建筑设施、地上和地下管线工程等信息，考虑工矿企业绿化的可能性。

（3）明确设计要求

工业绿地植物景观设计是工矿企业规划设计的重要环节，依托于工矿企业的总体规划。在前期资料收集及分析准备工作的基础上，明确工矿企业总体规划的定位和特点，进而与甲方进行深入的交流，明确甲方对设计任务的具体要求、设计标准、投资额度等，形成设计意向并做出有针对性的调研分析报告。这一过程可能需要多次沟通，才能达成共识。

2）方案规划与设计

（1）工业绿地景观风格定位与主题

根据绿地环境调查和资料收集、与甲方探讨所得的信息，确定工业绿地的景观风格，提取能反映工矿企业特色的景观元素，确定景观主题。

- 依托工矿企业总体规划及建筑功能确定工业绿地景观的风格定位。

- 根据工矿企业的区位环境、内部功能分区、建筑功能和布局及各类型绿地分布等情况确定使用者、人流方向、主要观赏方式，进而进行工业绿地的功能分区，提高绿地使用功能的合理性，满足工业生产的生态环境改善、净化要求以及职工日常的娱乐、休息所需。

- 挖掘工矿企业的文化特色和历史底蕴，深化工矿企业的文化内涵。通过工业绿地的景观表达（包括文化交流空间、景观设施、乡土植物及典型群落应用），反映企业文化特色和历史底蕴。

（2）工业绿地景观设计方案

根据对工矿企业总体规划的风格定位、主题和设计原则的思考，结合工矿企业特点，经过分析、构思，完成工业绿地植物景观设计方案。包括：

①景观功能分区及景观组织　根据功能要求和景观要求，划分不同的空间，确定不同的分区，明确不同空间和区域满足工矿企业生产和职工生活的环境需求。分析景观空间的结构关系，明确景观节点和核心景观；分析主要观赏方式和观赏面，组织观景视线。景观功能分区图主要反映不同空间、分区的范围及彼此之间的关系，通常用色块或圆圈等（泡泡图）进行示意。

②植物景观分区规划　根据总体设计图的布局、设计原则以及苗木来源的情况，在景观功能分区及景观组织的基础上，分析每一个分区地块内的主题特色、景观要素（地形、地势、水体、景观建筑及设施），在此基础上确定各个分区的植物景观类型及基调。如工矿企业的小游园有微地形起伏，可以定位为疏林草地；而工矿企业边缘建筑两侧毗邻城市干道的连贯的区域，可以进行防护林处理，起到隔音、降噪、美化的作用。该阶段图纸为彩色平面图，可以通过 Photoshop 完成。

③植物景观设计　根据植物景观分区规划，确定工矿企业绿地各局部的基调树种、骨干树种、造景树种，确定不同植物景观分区中的密林、疏林等种植形式和树林、树丛、树群、孤植树等的栽植点。综合考虑植物的生态习性、景观特征等，选择适宜用于工矿企业不同功能区域绿化的植物，采用适宜的配置方式进行植物景观设计。该阶段图纸可以通过 AutoCAD、Photoshop 完成。

筛选适宜植物：选用乡土植物、吸收工矿企业排放物能力强的植物，完成植物材料表。

确定各景观功能分区的基调树种、骨干树种：根据该地区的生态环境以及景观效果确定基调树种及骨干树种。

确定造景树种（包括乔、灌木）：根据该区域的生态环境以及造景要求选择乔、灌木。

选择地被植物：包括宿根花卉，一、二年生花卉及小型灌木等，是近尺度观赏的重点。其有着色彩丰富、形式多样的特点，需要根据景观节点的特色及乔、灌木情况进行配置。

配置可移动种植设施：有些重要的景观节点如工矿企业门口、办公楼门口等，由于总体规划布局及设计，其硬质场地集中，缺少种植条件，对于这类区域可以采用灵活便捷的可移动种植设施进行装饰。

④植物景观施工图设计　将前一轮已经确定的植物景观设计方案进行施工图绘制，以便于施工阶段精准定位及工程量的准确核算。该阶段图纸可以通过 AutoCAD 完成。工程量核算可以采用 Excel 文档进行。

3）施工图设计

（1）设计说明书

主要内容包括设计者的构思、设计要点、现状调查分析的场地概况、植物景观分区规划、植物造景分析及其对该绿地所起的作用和对该城市生活的影响，以及各种效益的预测、分析。一般格式为 Word 文档。

（2）方案设计图纸

主要图纸包括：总体平面图、景观功能分区图、现状植物景观调查分析图、植物景观分区规划图、植物景观设计图（根据甲方要求可含总平面图、局部平面图、景观节点效果图、重要景观节点剖立面图等）、植物景观施工图（乔木种植施工图、灌木种植施工图、地被植物种植施工图、可移动种植设施分布图）等。

（3）工程概算

施工图设计中的园林绿化工程概算应包括工程绿化用树、造价、数量等内容。若局部有因造景需求进行的微地形改造等，需增加园林土建工程概算，包括工程名称、建设情况、造价、用料量等内容。一般为 Word 或 Excel 文档。

3. 工业绿地植物景观设计原则及植物选择

1）工业绿地植物景观设计的原则

要形成良好的工业绿地景观，必须科学地进行植物选择、配置。为了提升企业形象，植物景观设计还要融入企业文化。总体而言，在进行工业绿地植物景观设计时，要遵循如下原则：

（1）适地适树

要充分了解工业绿地的立地条件，如温度、湿度、土壤酸碱度、土壤厚度，再根据上述条件选择合适的植物种类进行配置，这样的植物景观才能显示出其最大的美学价值。

（2）选择抗污染能力强的植物

工矿企业在生产过程中可能会产生各种有毒有害气体、废水或者固体废弃物，所以要选择抗性强、抗污染能力强的植物，这对于植物景观的营造以及后期的养护管理都有很大的帮助，同时对企业生态环境的改善和保护起着十分重要的作用。

（3）易于繁殖，便于管理

工矿企业绿化管理人员有限，为降低后期养护管理的成本，应选择易于繁殖、管理粗放的植物种类，尤其是乡土树种，可为植物景观的维持带来便利。

（4）绿化要满足生产工艺的要求

不同工厂，不同车间、仓库、料场，其对环境的要求不同，所以在进行植物配置时，要根据具体场地来选择植物种类以及配置方式等。

（5）妥善处理好绿化与管线的关系

由于工矿企业的生产车间存在多种地上、地下管线，如水管、电网等，所以在选择植物时要注重植物的根系生长情况、株高等。如有些区域不适合栽植植物，可选择垂直绿化或者屋顶花园来增加绿地面积，改善、保护企业生态环境。

（6）工业绿地具有自身特色，能反映企业精神和文化

企业形象和文化对于企业的生存和发展起着十分重要的作用，植物景观的营造是树立企业形象和形成企业文化的重要手段。因此，在进行工业绿地植物景观设计之前，应充分调研企业性质、历史背景和人文精神，将企业精神融入植物景观设计中，形成独特的企业绿地景观。

2）工业绿地植物景观设计的植物选择

工业绿地植物景观设计的植物选择主要考虑的是工厂排放的污染物种类。根据污染物的不同，选择对该污染物抗性强或吸收该污染物能力强的植物。以下对各种有毒有害气体抗性强、抗性较强或反应敏感的植物种类，可供进行植物配置时参考：

（1）抗二氧化硫的树种（主要用于钢铁厂、大量燃煤的电厂等的绿化）

①抗性强的树种　大叶黄杨、雀舌黄杨、瓜子黄杨、海桐、蚊母、山茶、女贞、小叶女贞、棕榈、凤尾兰、夹竹桃、枸杞、青冈、白蜡、木麻黄、相思树、榕树、十大功劳、九里香、侧柏、银杏、广玉兰、鹅掌楸、柽柳、梧桐、重阳木、合欢、皂荚、刺槐、槐、紫穗槐等。

②抗性较强的树种　华山松、白皮松、云杉、赤杉、杜松、罗汉松、龙柏、圆柏、石榴、月桂、冬青、珊瑚树、柳杉、臭椿、桑树、楝树、白榆、榔榆、朴树、黄檀、蜡梅、榉树、毛白杨、丝棉木、木槿、丝兰、桃榄、红背桂、杧果、枣树、榛子、椰树、蒲桃、米仔兰、黄檗、石栗、沙枣、印度榕、高山榕、细叶榕、苏铁、厚皮香、扁桃、枫杨、凹叶厚朴、含笑、杜仲、细叶油茶、七叶树、八角金盘、日本柳杉、花柏、粗榧、丁香、卫矛、板栗、无患子、玉兰、八仙花、地锦、梓树、泡桐、连翘、金银木、紫荆、柿树、垂柳、胡颓子、紫藤、杉木、太平花、紫薇、银杉、蓝桉、乌桕、杏、枫香、加拿大杨、旱柳、小叶朴等。

③反应敏感的树种　苹果、梨、羽毛槭、郁李、雪松、油松、马尾松、湿地松、白桦、毛樱桃、贴梗海棠、月季等。

（2）抗氯气的树种

①抗性强的树种　龙柏、侧柏、大叶黄杨、海桐、蚊母、山茶、女贞、夹竹桃、凤尾兰、棕榈、构树、木槿、紫藤、无花果、樱花、枸骨、臭椿、榕树、九里香、小叶女贞、广玉兰、柽柳、合欢、皂荚、槐、黄杨、白榆、木棉、苦楝、白蜡、杜仲、厚皮香、桑树、柳树、枸杞等。

②抗性较强的树种　圆柏、珊瑚树、朴树、板栗、无花果、罗汉松、桂花、石榴、紫薇、紫荆、紫穗槐、乌桕、悬铃木、水杉、天目木兰、凹叶厚朴、红花油茶、银杏、枣树、丁香、细叶榕、蒲葵、枇杷、瓜子黄杨、山桃、刺槐、铅笔柏、毛白杨、石楠、榉树、泡桐、银桦、云杉、柳杉、太平花、梧桐、重阳木、黄葛榕、小叶榕、木麻黄、梓树、杜松、卫矛、接骨木、地锦、杧果、君迁子、月桂等。

③反应敏感的树种　池柏、核桃、木棉、樟子松、紫椴、赤杨等。

（3）抗氟化氢的树种（主要用于铝电解厂、磷肥厂、炼钢厂、砖瓦厂等的绿化）

①抗性强的树种　大叶黄杨、海桐、蚊母、山茶、凤尾兰、瓜子黄杨、龙柏、构树、朴树、石榴、桑树、香椿、丝棉木、青冈、侧柏、皂荚、槐、柽柳、黄杨、木麻黄、白榆、沙枣、夹竹桃、棕榈、红茴香、细叶香桂、杜仲、红花油茶、厚皮香。

②抗性较强的树种　圆柏、女贞、小叶女贞、白玉兰、珊瑚树、无花果树、垂柳、桂花、枣树、樟树、梧桐、木槿、楝树、枳橙、臭椿、刺槐、合欢、杜松、白皮松、拐枣、柳树、山楂、胡颓子、白蜡、云杉、广玉兰、榕树、柳杉、太平花、银桦、梧桐、乌桕、小叶朴、梓树、泡桐、油茶、鹅掌楸、含笑、紫薇、地锦、柿树、月季、丁香、樱花、凹叶厚朴、黄栌、银杏、天目琼花、金银花等。

③反应敏感的树种　葡萄、杏、梅、山桃、榆叶梅、紫荆、金丝桃、池杉、南洋杉等。

（4）抗乙烯的树种

①抗性强的树种　夹竹桃、棕榈、悬铃木、凤尾兰等。

②抗性较强的树种　黑松、女贞、榆树、重阳木、乌桕、红叶李、柳树、樟树、罗汉松、白蜡等。

③反应敏感的树种　月季、大叶黄杨、苦楝、刺槐、臭椿、合欢、玉兰等。

（5）抗氨气的树种

①抗性强的树种　女贞、樟树、丝棉木、蜡梅、柳杉、银杏、紫荆、杉木、石楠、石榴、朴树、无花果、皂荚、木槿、紫薇、玉兰、广玉兰等。

②反应敏感的树种　紫藤、小叶女贞、杨树、悬铃木、核桃、杜仲、珊瑚树、枫杨、刺槐等。

各类绿地园林植物景观设计

（6）抗臭氧的树种

枇杷、悬铃木、枫杨、刺槐、银杏、柳杉、黑松、樟树、女贞、夹竹桃、连翘、八仙花等。

（7）抗烟尘的树种

樟树、黄杨、女贞、青冈、楠木、广玉兰、石楠、枸骨、桂花、大叶黄杨、夹竹桃、槐、厚皮香、银杏、刺楸、榆树、朴树、木槿、重阳木、刺槐、苦楝、臭椿、三角枫、桑树、紫薇、悬铃木、泡桐、乌桕、皂荚、榉树、梧桐、麻栎、樱花、蜡梅、黄金树等。

（8）滞尘能力强的树种

臭椿、槐、栎树、皂荚、刺槐、白榆、悬铃木、樟树、榕树、凤凰木、海桐、黄杨、女贞、冬青、广玉兰、珊瑚树、石楠、夹竹桃、厚皮香、枸骨、榉树、朴树、银杏等。

（9）防火树种

山茶、油茶、海桐、冬青、八角金盘、女贞、杨梅、厚皮香、珊瑚树、枸骨、罗汉松、银杏、槲栎、栓皮栎、榉树等。

（10）抗有害气体的花卉

①抗二氧化硫的花卉　美人蕉、紫茉莉、九里香、唐菖蒲、郁金香、鸢尾、玉簪、仙人掌、雏菊、三色堇、金盏花、小天蓝绣球、金鱼草、蜀葵、大花马齿苋、垂盆草、蛇目菊等。

②抗氟化氢的花卉　金鱼草、菊、百日草、千日红、醉蝶花、紫茉莉、蛇目菊等。

③抗氯气的花卉　大丽菊、蜀葵、百日草、千日红、醉蝶花、紫茉莉、蛇目菊等。

4. 工业绿地植物景观设计方法

1）厂前区绿地

（1）厂前区环境特点

厂前区是工厂对外联系的中心，要满足人流集散及车辆通行的要求；代表工厂形象，体现工厂面貌，也是工厂文明生产的象征；与城市道路相邻，环境好坏直接影响到城市的面貌。

（2）厂前区绿地植物景观设计

厂前区的绿化要美观、整齐、大方、开朗明快，给人以深刻印象，还要方便车辆通行和人流集散。

绿地设置应与广场、道路、周围建筑及有关设施（光荣榜、画廊、阅报栏、黑板报、宣传牌等）相协调，一般多采用规则式或混合式配置（图2-2-34）。植物配置要与建筑立面、形体、色彩相协调，与城市道路相联系，种植形式多采用对植和行列式。入口处的布置要富有装饰性和观赏性，并注意入口景观的引导性和标志性，以起到强调作用（图2-2-35）。建筑周围的绿化还要处理好空间艺术效果与通风采光、各种管线的关系。广场周边、道路两侧的行道树，选用冠大荫浓、耐修剪或树姿优美、高大雄伟的常绿乔木，形成外围景观或林荫道。花坛、草坪及建筑周围的基础绿带用修剪整齐的常绿绿篱围边，点缀色彩鲜艳的花灌木、宿根花卉，或植草坪，用低矮的色叶灌木形成模纹图案（图2-2-36）。

　　若用地面积充足，厂前区绿化还可与小游园的布置相结合，设置山泉水池、建筑小品、园路小径，安置园灯、座椅，栽植花木和草坪，形成恬静、清洁、舒适、优美的环境，既为职工休息、散步、谈心、娱乐提供场所，也充分体现厂区面貌，成为城市景观的有机组成部分（图2-2-37）。要通过多种途径积极扩大绿化面积，坚持多层次绿化，充分利用地面、墙面、屋顶、棚架、水面等形成全方位的绿化空间。

　　为丰富冬季景色，厂前区绿化常绿树种比例较大。

图2-2-34　绿地设置与周围的宣传牌相协调

图2-2-35　工矿企业的入口处绿化

图2-2-36　建筑周围道路绿化

图2-2-37　厂前区绿化与小游园的布置相结合

2）生产区绿地

（1）生产区环境特点

污染严重、管线多；绿地面积不大且分散，绿化条件差。

（2）生产区绿地植物景观设计

①有污染车间周围的绿化　这类车间在生产过程中会对周围环境产生不良影响，如产生有害气体、烟尘、粉尘、噪声等。应该首先掌握车间的污染物成分以及污染程度，有针对性地进行植物景观设计。植物种植形式采用开阔草坪、地被、疏林等，以利于通风，及时疏散污染物。在污染严重的车间周围不宜设置休息绿地，应选择抗性强的树种，并在与主导风向平行的方向上留出通风道。在噪声污染严重的车间周围，应选择枝叶茂密、分枝点低的灌木，并多层密植形成隔音带（图2-2-38）。

②无污染车间周围的绿化　这类车间周围的绿化与一般建筑周围的绿化一样，只需考虑通风、采光的要求，以及妥善处理好植物与各类管线的关系（图2-2-39）。

③对环境有特殊要求的车间周围的绿化　对于类似精密仪器车间、食品车间、医药卫生车间、易燃易爆车间、暗室作业车间等对环境有特殊要求的车间，在设计时应特别注意，具体做法可参考表2-2-2。

（3）生产区绿地植物景观设计中应注意的问题

- 了解生产车间职工生产劳动的特点。
- 了解职工对园林绿化布局、形式以及观赏植物的喜好。
- 将车间出入口作为重点美化地段。
- 合理选择绿化树种，特别是在有污染的车间附近。
- 注意车间对通风、采光以及环境的要求。
- 绿化设计要满足生产、运输、安全、维修等方面的要求。
- 处理好植物与各种管线的关系。
- 要考虑四季的景观效果与季相变化。

图2-2-38　有污染车间周围的绿化

图2-2-39　无污染车间周围的绿化

表 2-2-2 各类生产车间周围绿化特点

序号	车间类型	绿化特点	设计要点
1	精密仪器车间、食品车间、医药卫生车间、供水车间	对空气质量要求较高	以栽植藤本、常绿树为主，铺设大块草坪，选用无飞絮、无毛及不易落叶的乔、灌木和杀菌能力强的树种
2	化工车间、粉尘车间	有利于有害气体、粉尘的扩散、稀释或吸附，起隔离、分区、遮蔽作用	栽植抗污、吸污、滞尘能力强的树种，以草坪、乔木、灌木形成一定空间和立体层次的屏障
3	恒温车间、高温车间	有利于改善和调节小气候环境	以草坪、地被、乔木、灌木混交，形成自然式绿地。以常绿树为主，配以花灌木，可配置园林小品
4	噪声车间	有利于减弱噪声	选择枝叶茂密、分枝低、叶面积大的乔木和灌木，以常绿、落叶树木组成复层混交林带
5	易燃易爆车间	有利于防火、防爆	栽植防火树种，以草坪和乔木为主，不栽或少栽花灌木，以利于可燃气体稀释、扩散，并留出消防通道和场地
6	露天作业区	起隔音、分区、遮阴作用	栽植大树冠的乔木混交林带
7	暗室作业车间	形成幽静、荫蔽的环境	搭荫棚，或栽植枝叶茂密的乔木，以常绿乔、灌木为主
8	工艺美术车间	创造美好环境	栽植姿态优美、色彩丰富的树木和花草，配置水池、喷泉、假山、雕塑等园林小品，并铺设园路

3）仓库、堆物场绿地

仓库区的绿化设计，要考虑消防、交通运输和装卸方便等要求，绿化布置宜简洁。选用防火树种，禁用易燃树种，疏植高大乔木，间距 7~10m。在仓库周围要留出 5~7m 宽的消防通道，并且应尽量选择病虫害少、树干通直、分枝点高的树种（图 2-2-40）。

装有易燃物的贮罐周围应以草坪为主，防护堤内不种植物。

露天堆物场绿化，在不影响物品堆放、车辆进出、物品装卸的情况下，周边栽植高大、防火、隔尘效果好的落叶阔叶树（以利于工人夏季遮阴休息），外围加以隔离。

4）厂内道路和铁路绿化

（1）厂内道路绿化

厂内道路是工厂组织生产、原材料及成品运输、企业管理、生活服务的重要通道。满足生产要求、保证厂内交通运输的畅通和职工安全既是厂内道路绿化的第一要求，也是基本要求。

厂内道路是连接内外交通运输的纽带。职工上、下班时人流集中，车辆来往频繁，地上、地下的管线纵横交叉，这都给绿化带来了一定的困难。因此，在进行绿化设计

图 2-2-40　消防通道绿化　　　　　　　　　图 2-2-41　厂内道路绿化

时，要充分了解这些情况，选择生长健壮、适应性强、抗性强、耐修剪、树冠整齐、遮阴效果好的乔木作行道树，以满足遮阴、防尘、降低噪声、交通运输安全及美观等要求（图 2-2-41）。其配置形式主要以规则式为主，主干道除了选择抗性强的树种以外，还要考虑其观赏特性，林下配以花灌木或观赏价值高的花卉形成错落有致、季相变化明显的道路空间，对企业形象的提升有很大的帮助。

（2）厂内铁路绿化

在钢铁厂、石油厂、化工厂、煤炭厂、重型机械厂等大型厂区内，除一般道路外，还有铁路专用线，铁路两侧也需要绿化。厂内铁路绿化有利于减弱噪声、保持水土、稳固路基，还可以通过栽植，形成绿篱、绿墙，阻止人流，防止行人胡乱穿越铁路而发生交通事故。

厂内铁路绿化设计时，植物离标准轨道外轨的最小距离为 8m，离轻便窄轨不小于 5m。前排密植灌木，起隔离作用，中、后排种乔木。铁路与道路交叉口处，每侧至少留出 20m，不能种植高于 1m 的植物。铁路弯道内侧至少留出 200m 的视距，在此范围内不能种植阻挡视线的乔、灌木。铁路边装卸原料、成品的场地周边，可大株距栽植一些乔木，不种灌木，以保证装卸作业的顺利进行。

5）工厂防护林带

工厂防护林带主要分布于工厂与生活区之间、工厂与农田交界处、工厂内分区之间。工厂防护林带是工业绿地的重要组成部分，是为避免工人和附近居民受到工业有害气体、烟尘等污染物的影响而设置的一类防护绿地。工厂防护林带的主要作用是滤滞粉尘、净化空气、吸收有毒气体，从而减轻污染、保护并改善厂区乃至城市环境。

（1）工厂防护林带的结构

①通透结构　该类结构的防护林带一般由乔木组成，株行距因树种不同而异，一

般为 3m×3m。气流一部分从林带下层树干之间穿过，另一部分滑升后从林冠上面绕过。在林带背风一侧 7 倍树高处，风速为原风速的 28%（图 2-2-42）。

②**半通透结构**　该类结构的防护林带以乔木构成林带主体，在林带两侧各配置一行灌木。少部分气流从林带下层的树干之间穿过，大部分气流从林冠上部绕过，在背风林缘处形成涡旋和弱风。据测定，在林带两侧 30 倍树高的范围内，风速均低于原风速（图 2-2-43）。

③**紧密结构**　该类结构的林带一般是由大、小乔木和灌木配置成，形成复层结构，防护效果好。气流遇到林带，在迎风处上升扩散，由林冠上方绕过，在背风处急剧下沉，形成涡旋，有利于有害气体的扩散和稀释（图 2-2-44）。

④**复合式结构**　如果有足够宽度的地块设置防护林带，可将以上 3 种结构结合起来，形成复合式结构的防护林带，即在邻近工厂的一侧采用通透结构，邻近居住区的一侧采用紧密结构，中间则采用半通透结构。

（2）工厂防护林带的设计

工厂防护林带对那些产生有害排出物或生产卫生防护要求很高的工厂尤为重要。工厂防护林带的设计首先要根据污染因素、污染程度和绿化条件来综合考虑，确立林带的条数、宽度和位置。

烟尘和有害气体的扩散，与其排出量、风速、风向、垂直温差、气压、污染源的距离及排出高度有关，因此设置防护林带时要综合考虑这些因素，才能使其发挥较大的卫生防护效果。

通常在工厂上风方向设置防护林带，防止风沙侵袭及邻近企业污染。在下风方向设置防护林带，必须根据有害物排放、扩散和降落的特点，选择适当的位置和植物种类。一般情况下，污物排出后并不立即降落，在厂房附近地段不必设置林带，而应将林带设在污物开始密集降落和受污物影响的地段内。防护林带内，不宜布置供职工散

图 2-2-42　通透结构防护林带

图 2-2-43　半通透结构防护林带

图 2-2-44　紧密结构防护林带

图 2-2-45　边角绿地

步、休息的小道、广场，在横穿林带的道路两侧加以重点绿化隔离。

在大型工厂中，为了连续降低风速和减少污染物的扩散，有时还要在厂内各区、各车间之间设置防护林带，以起隔离作用。因此，防护林带还应与车间、仓库、道路等的绿化结合起来，以节约用地。

防护林带应选择生长健壮、病虫害少、抗污染能力强、树体高大、枝叶茂密、根系发达的树种。树种搭配上，要常绿树与落叶树相结合，乔木与灌木相结合，喜光树种与耐阴树种相结合，速生树种与慢生树种相结合，净化类与绿化类相结合。

6）其他绿地

除了上述工厂绿地外，厂区内还有一些零星边角地带，可以进行绿化设计。如厂区边缘的不规则地段、厂区周围沿围墙的地带等，进行合理的植物配置，可以提升工厂整体生态环境，并且具有美化作用（图 2-2-45）。

任务实施

1）现状分析

开展基础资料调查与分析、绿地现场勘查，明确设计要求。

（1）设计任务

根据厂区区位及与城市之间的关系，本次设计任务包括两个方面：厂区周边的城市绿地衔接设计，厂区内部绿化景观设计。

- 根据各地气候条件，以乡土树种为主、基调，进行季节性景观的营造。
- 管网上方及地下停车场上方覆土较薄，需要考虑选择低矮灌木。
- 地势平坦，需要利用地形创造富于变化的特色植物景观。

- 从生态角度，应考虑生产的防护功能。
- 厂区南部为入口区、办公区及厂房区，厂区北部为仓储区。办公楼8层，其他均为1~2层。建筑风格为现代欧式（图2-2-46）。因此，景观设计宜采用现代欧式风格，布局形式可以考虑混合式布局。

（2）设计原则

生态优先：运用植物材料对厂区进行生态隔离和防护，减弱噪声、阻滞尘埃、消毒杀菌，降低厂区对周边环境的污染；同时融入城市绿地环境中，成为生态廊道的重要组成部分，发挥最大的生态效益。

以人为本：结合职工的需求，创造舒适宜人的环境。

绿色基底：以植物造景为主，配置高大乔木、茂密的灌木，营造出令人心旷神怡的林地环境。

因地制宜：适地适树、适景适树。

和谐自然：寻求人与自然的和谐共生。

2）规划阶段

景观功能分区规划：根据厂区的生产功能及建筑布局，可设置4个景观分区，包括入口景观区（绿海迎宾）、生态防护区（绿化隔离）、生活花园区、防护隔离区（图2-2-47）。

植物景观规划：入口景观区形成以松、柏为主题的绿海迎宾区，彰显企业长青的文化内涵。入口区域以花带为主，后方采用微地形的林地，在起到美化作用的同时起到防护屏障作用。生态防护区主要进行厂房外围的绿化隔离，植物配置方面为灌木、亚乔木与地被结合。生活花园区是员工休闲的重要区域，其形式简洁，侧重休闲，因此设置为组团式花园。防护隔离区以林带形式存在，区分场内与场外区域。

植物选择：根据项目所处地域环境及厂区绿地植物配置原则进行植物选择，确定骨干树种、基调树种、其他植物，初步完成植物列表。

图2-2-46 厂房建筑立面

各类绿地园林植物景观设计

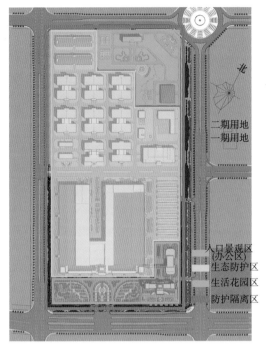
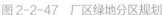

入口景观区
(办公区)
生态防护区
生活花园区
防护隔离区

二期用地
一期用地

图 2-2-47　厂区绿地分区规划

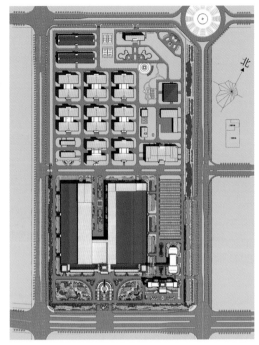

图 2-2-48　厂区总平面图

常绿乔木层：樟子松、青杆、黑松。

落叶乔木层：兴安落叶松、白桦、五角枫、花楸、蒙古栎、斑叶稠李、核桃楸、梓树、火炬树。

灌木层：紫丁香、山杏、野梨、珍珠梅、佛头花、榆叶梅、连翘、红瑞木、紫叶李、多季节月季球、偃柏篱、红瑞木篱、小叶丁香篱、茶条槭篱。

地被层：马兰、美人蕉、三色堇、天蓝绣球、秋海棠、八宝景天。

3）设计阶段

完成总平面图（图 2-2-48），然后进行各类绿地的详细设计，并根据其主题构思，完成对应的植物景观配置。需注重主入口景观与小游园结合，在起到标识作用的同时，树种选用防护性树种，以起到生态防护作用。而在厂区的厂房建筑周边，由于绿地空间有限，一般呈条带状，应注重灌木与地被组合，在尽量不遮挡光线的情况下进行美化。用整形绿篱与欧式风格建筑统一。此外，注意季节性景观的营造，常绿树与落叶树结合，并且需要注意地上、地下管线工程穿越区域，选择灌木或浅根系亚乔木与地被结合，避免种植大型乔木。

由于方案地块面积较大，为了便于学习，特选取入口景观区、办公楼区及厂房附近绿地进行展示（图 2-2-49 至图 2-2-56）。

214

图 2-2-49 入口景观区平面设计图

图 2-2-50 入口景观区效果图

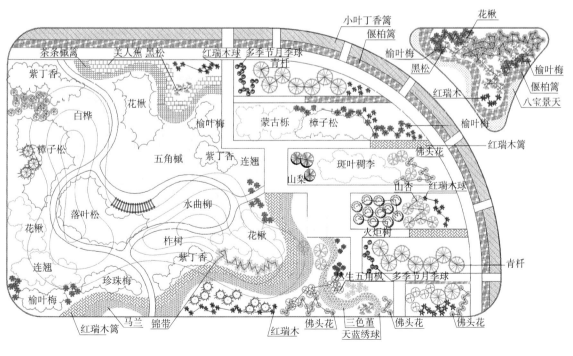

图 2-2-51 入口景观区植物种植设计图（1）

各类绿地园林植物景观设计

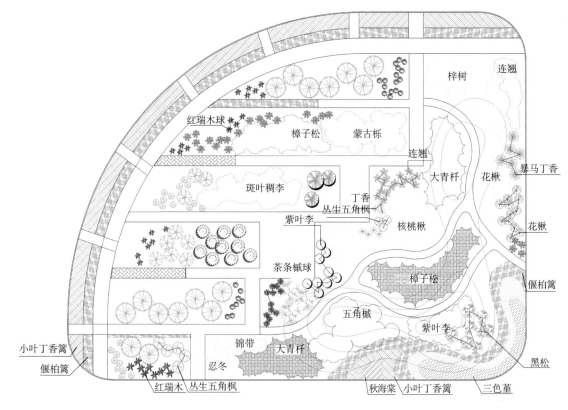

连翘

梓树

红瑞木球

樟子松　蒙古栎

连翘

大青杆

花楸

暴马丁香

斑叶稠李

丁香

丛生五角枫

紫叶李

核桃楸

花楸

偃柏篱

茶条槭球

樟子松

五角槭

紫叶李

锦带

小叶丁香篱

偃柏篱

忍冬

大青杆

黑松

红瑞木　丛生五角枫

秋海棠　小叶丁香篱

三色堇

图 2-2-52　入口景观区植物种植设计图（2）

图 2-2-53　办公楼前庭效果图

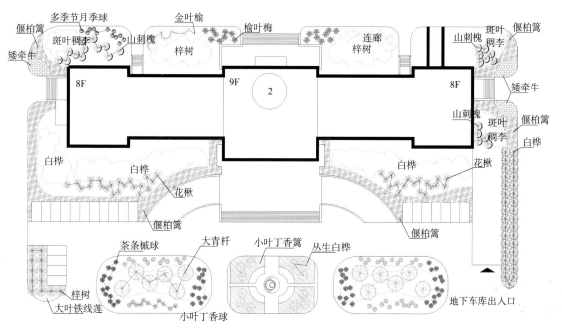

图 2-2-54　办公楼前庭植物种植设计图

图 2-2-55　厂房旁绿化效果图

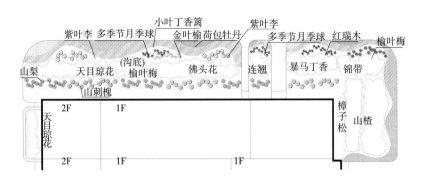

图 2-2-56　厂房旁植物种植设计图

巩固训练

图 2-2-57 所示红色区域为东北某城市电机厂厂区中的绿地。绿地面积大约 3000m²，最长边约 85m，宽约 66m。该绿地受周边不同生产车间及中心厂房建筑的影响，呈不规则形态。厂区因常年进行电机机械的生产及加工，噪声问题突出，并且其土壤受到一定程度污染，植物长势不佳，景观效果较差。请根据该厂区特点及现状问题，运用本任务所学知识，进行该地块的绿化设计，提升厂区绿地的生态防护功能，创造优美的景观环境，并为厂区的员工提供休闲空间。

任务要求：在对本任务理解的基础上初步完成工业厂区的绿化设计图，包括平面图、主要节点的剖（立）面图及植物列表。

备注：请自行选定城市，并选择相应的植物。

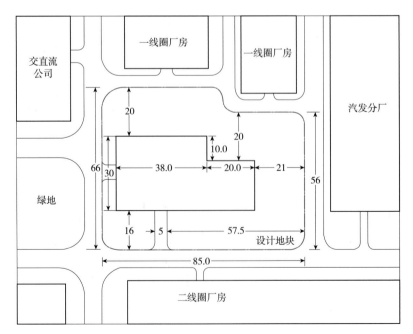

图 2-2-57　设计地块（单位：m）

参考文献

陈秀波，2017. 植物景观设计 [M]. 武汉：华中科技大学出版社 .

计成，2017. 园冶（手绘彩图修订版）[M]. 重庆：重庆出版社 .

李春娇，贾培义，董丽，2014. 风景园林中植物景观规划设计的程序与方法 [J]. 中国园林，30（1）：93–99.

李向婷，2016. 园林植物造景实训教程 [M]. 武汉：武汉大学出版社 .

李耀健，2013. 园林植物景观设计 [M]. 北京：科学出版社 .

潘谷西，2010. 江南理景艺术 [M]. 南京：东南大学出版社 .

山崎诚子，2019. 植物景观设计——基于科学合理的配置 [M]. 北京：中国建筑工业出版社 .

沈林，杨颖瑶，2012. 园林植物造景设计的基本原则和程序 [J]. 现代园艺（10）：109.

苏雪痕，1994. 植物造景 [M]. 北京：中国林业出版社 .

唐岱，熊运海，2019. 园林植物造景 [M]. 北京：中国农业大学出版社 .

唐学山，1997. 园林设计 [M]. 北京：中国林业出版社 .

张延龙，牛立新，张博通，等，2019. 康养景观与园林植物 [J]. 园林，322（2）：14–19.

赵世伟，张佐双，2001. 园林植物景观设计与营造 [M]. 北京：中国城市出版社 .

周维权，2008. 中国古典园林史 [M]. 北京：清华大学出版社 .

朱红霞，2021. 园林植物景观设计 [M]. 2 版 . 北京：中国林业出版社 .

祝遵凌，2019. 中国植物景观设计 [M]. 北京：中国林业出版社 .